云南茶树

遗传资源卷·叁

刘本英 包云秀 陈春林 主编

云南出版集团

YNK 云南科技出版社

·昆明·

图书在版编目（CIP）数据

云南茶树遗传资源卷.叁/刘本英,包云秀,陈春林主编.-- 昆明:云南科技出版社,2023.3

ISBN 978-7-5587-4866-0

Ⅰ.①云… Ⅱ.①刘… ②包… ③陈… Ⅲ.①茶树—种质资源—云南 Ⅳ.① S571.13

中国国家版本馆 CIP 数据核字 (2023) 第 048730 号

云南茶树遗传资源卷·叁

YUNNAN CHASHU YICHUAN ZIYUAN JUAN . SAN

刘本英　包云秀　陈春林　主编

出 版 人：温　翔

责任编辑：吴　涯　吴　琼

助理编辑：张翟贤

整体设计：范美琼

责任校对：张舒园

责任印制：蒋丽芬

书　　号：ISBN 978-7-5587-4866-0

印　　刷：昆明木行印刷有限公司

开　　本：787mm×1092mm　1/16

印　　张：20.25

字　　数：450 千字

版　　次：2023 年 3 月第 1 版

印　　次：2023 年 3 月第 1 次印刷

定　　价：198.00 元

出版发行：云南出版集团　云南科技出版社

地　　址：昆明市环城西路 609 号

电　　话：0871-64190978

云南茶树遗传资源卷·叁
编委会

主　编：刘本英　包云秀　陈春林

副主编：黄　玫　杨兴荣　徐丕忠　康冠宏　孙雪梅　李云娜　彭连清

编　委：刘本英　包云秀　陈春林　黄　玫　杨兴荣　徐丕忠　李云娜
　　　　孙雪梅　潘联云　田易萍　汪云刚　尚卫琼　康冠宏　伍　岗
　　　　段志芬　邓少春　陈　雷　李友勇　杨盛美　唐一春　宋维希
　　　　黄文华　彭连清　刘　悦　许　燕　宁功伟

审　稿：王平盛

　　本书获国家自然科学基金，农作物种质资源保护专项"大叶茶树种质资源收集鉴定、编目繁殖更新与保存"，国家科技资源共享服务平台"国家茶树种质资源平台（勐海）"，云南省科技重大专项"云南特色茶资源发掘利用及新品种繁育推广"、"世界大叶茶技术创新中心建设及成果产业化"，农业部"948"项目，云南省茶学重点实验室，杨阳专家工作站，云南省现代农业茶叶产业技术体系，云南省引进高层次人才等项目资助。

序

　　中国西南部是茶的起源和传播中心地带，云南是茶树种质资源的核心区域，拥有历史悠久、特性鲜明、各式各样的茶树品种资源。依托云南省农业科学院茶叶研究所建设的国家大叶茶树种质资源圃（勐海）始建于1980年，截至2022年底，国家大叶茶树种质资源圃共保存各类茶树种质资源3500余份，涵盖了山茶属茶组植物的25个种和3个变种，这对茶树种质资源的保护及利用具有巨大的科学意义。

　　刘本英研究员带领茶树种质资源与遗传育种创新团队的科技人员在长期研究成果积累的基础上，特别是"十三五"以来茶树资源研究最新成果，编撰成了《云南茶树遗传资源卷·叁》专著。该书分析研究汇聚了2008年以来通过人工杂交筛选获得的重要茶树遗传资源306份，从形态特征、生物特性和生化成分等方面详细描述了这些珍贵茶树种质资源，形成了一套比较全面、完整、系统、规范的茶树遗传资源档案资料。这批资源均为研究团队多年育种原创，且在四个方面表现最为突出：一是中叶种与云南大叶茶的杂交后代；二是包含有高多酚、高氨基酸等特异资源；三是制作绿茶、红茶的香气、鲜爽度高于云南亲本品种的品质特点；四是抗性强、适应性好。该专著图文并茂、简明扼要，通俗易懂，注重学术性的同时，更强调实用性。这是刘本英研究员带领团队成员多年来潜心研究和实践的结晶。该书的出版既是对茶树种质资源的理论素材丰富，又是给从事茶学的科研工作者和广大茶叶爱好者提供弥足珍贵的茶树种质资源之参考。该书的出版有利于推进茶树种质资源学科的发展，对促进云茶产业高质量发展具有深远的意义。

在《云南茶树遗传资源卷·叁》一书即将付梓之际，刘本英先生请我为该书作序，我深为刘本英研究员及其团队成员取得的新的科研成果而欣慰，杂交茶树遗传群体是珍贵的种质资源，是终端茶品品质形成基础源头，希望该书的出版能为更多的爱茶人正确认识茶树资源提供科学的理论指导，更希望进一步促进云茶产业健康发展发挥积极作用。

云南农业大学　　二级教授／博士生导师

2022 年 12 月 21 日

前言

云南是世界茶树的起源中心和原产地，是世界茶组植物分类研究中所占比例种类最多、分布最广的地区。目前，世界上已发现的山茶属茶组植物中的 32 个种和 3 个变种（张宏达系统），其中云南独有的有 26 个种和 2 个变种。依托云南省农业科学院茶叶研究所建设的国家大叶茶树种质资源圃（勐海）始建于 1980 年，历经四十年多年发展，该圃已成为世界最大、保存种类最多的大叶茶种质资源保存圃和云南茶叶科技创新最重要的科研基础平台。截至 2022 年底，国家种质大叶茶资源圃共保存种质 3500 余份，涵盖了山茶属茶组植物的 25 个种和 3 个变种，支撑依托单位云南省农业科学院茶叶研究所承担的国家自然科学基金项目、科技部国家茶树资源勐海平台、农业部农作物种质资源保护与利用专项、云南省重大科技专项、云南省茶学重点实验室等国家、省级及各类 40 多个科研项目。为了总结展示云南茶树种质资源的研究成果，

发掘茶树资源的利用前景，近日，茶树种质资源与遗传育种创新团队的科技人员在长期研究成果积累的基础上，特别是"十三五"以来茶树资源研究最新成果，编撰成了专著《云南茶树遗传资源卷·叁》。该书涵盖了2008年以来通过人工杂交筛选获得的重要茶树遗传资源306份，从形态特征、生物特性和生化成分等方面图文并茂地详细描述了这些珍贵茶树种质资源，本书兼顾学术性和实用性、理论与实践相结合，适合从事茶学科研工作者阅读，也可作为广大茶叶爱好者参考用书。本书的出版希望能够推进我国茶树种质资源学科的发展，助力云南省打造世界一流"绿色食品牌"，为云茶产业的高质量发展贡献一份新力。

编者

2022 年 12 月 18 日

云南茶树

遗传资源卷·叁

刘本英 包云秀 陈春林 主编

目　录

1. 茶种质 FCF081—13

由云南省农业科学院茶叶研究所以福鼎大白茶（♀）× 茶房迟生种（♂）为亲本，从杂交 F1 中单株选择出种质资源材料。

小乔木，树姿半开展。发芽密度稀，芽叶色泽黄绿色，芽叶茸毛多，春茶一芽一叶期2月7日（2月4日至2月10日），一芽二叶期2月11日（2月8日至2月14日），一芽三叶长6.28cm，芽长2.74cm，一芽三叶百芽重82.8g。叶片上斜着生，叶长11.02cm，叶宽4.64cm，叶面积35.80cm²，中叶，叶长宽比2.38，叶椭圆形，叶脉11对，叶色黄绿色，叶面微隆，叶身内折，叶质中，叶齿锐度中，叶齿密度密，叶齿深度浅，叶基楔形，叶尖渐尖，叶缘平。盛花期9月中旬，萼片5枚，花萼色泽绿色，花萼有茸毛，花冠大小5.2cm×5.1cm，花瓣色泽白色，花瓣质地中，花瓣数7枚，子房有茸毛，花柱长1.8cm，柱头3裂，花柱裂位低，雌雄蕊高比高。果实形状肾形，果实大小3.1cm×2.4cm，果皮厚0.11cm，种子形状球形，种径大小1.6cm×1.63cm，种皮色泽棕褐色，百粒重246.0g。春茶一芽二叶蒸青样水浸出物46.04%，咖啡碱3.03%，茶多酚18.51%，氨基酸1.97%，酚氨比值9.40。

2. 茶种质 FCF081—14

由云南省农业科学院茶叶研究所以福鼎大白茶（♀）×茶房迟生种（♂）为亲本，从杂交 F1 中单株选择出种质资源材料。

小乔木，树姿直立。发芽密度稀，芽叶色泽黄绿色，芽叶茸毛多，春茶一芽一叶期 2 月 23 日（2 月 20 日至 2 月 26 日），一芽二叶期 2 月 28 日（2 月 26 日至 3 月 1 日），一芽三叶长 5.04cm，芽长 2.24cm，一芽三叶百芽重 57.8g。叶片上斜着生，叶长 9.98cm，叶宽 4.44cm，叶面积 31.02cm²，中叶，叶长宽比 2.25，叶椭圆形，叶脉 8 对，叶色黄绿色，叶面微隆，叶身内折，叶质中，叶齿锐度中，叶齿密度密，叶齿深度浅，叶基楔形，叶尖渐尖，叶缘波。盛花期 9 月中旬，萼片 5 枚，花萼色泽绿色，花萼有茸毛，花冠大小 4.1cm×4.5cm，花瓣色泽白色，花瓣质地中，花瓣数 7 枚，子房有茸毛，花柱长 1.4cm，柱头 3 裂，花柱裂位中，雌雄蕊高比高。果实形状肾形，果实大小 2.8cm×1.8cm，果皮厚 0.10mm，种子形状球形，种径大小 1.55cm×1.15cm，种皮色泽棕褐色，百粒重 207g。春茶一芽二叶蒸青样水浸出物 49.28%，咖啡碱 3.29%，茶多酚 20.70%，氨基酸 1.75%，酚氨比值 11.83。

3. 茶种质 FCF081—15

由云南省农业科学院茶叶研究所以福鼎大白茶（♀）×茶房迟生种（♂）为亲本，从杂交 F1 中单株选择出种质资源材料。

小乔木，树姿半开展。发芽密度稀，芽叶色泽黄绿色，芽叶茸毛多，春茶一芽一叶期 2 月 11 日（2 月 7 日至 2 月 14 日），一芽二叶期 2 月 15 日（2 月 11 日至 2 月 19 日），一芽三叶长 4.8cm，芽长 2.2cm，一芽三叶百芽重 56.2g。叶片上斜着生，叶长 9.48cm，叶宽 3.80cm，叶面积 25.23cm²，中叶，叶长宽比 2.49，叶椭圆形，叶脉 9 对，叶色黄绿色，叶面微隆，叶身内折，叶质中，叶齿锐度中，叶齿密度中，叶齿深度中，叶基楔形，叶尖渐尖，叶缘微波。盛花期 11 月上旬，萼片 5 枚，花萼色泽绿色，花萼有茸毛，花冠大小 4.6cm×4.7cm，花瓣色泽白色，花瓣质地中，花瓣数 9 枚，子房有茸毛，花柱长 1.6cm，柱头 3 裂，花柱裂位中，雌雄蕊高比高。果实形状球形，果实大小 1.8cm×1.9cm，果皮厚 0.12mm，种子形状球形，种径大小 1.30cm×1.31cm，种皮色泽棕褐色，百粒重 151g。春茶一芽二叶蒸青样水浸出物 46.76%，咖啡碱 3.07%，茶多酚 18.26%，氨基酸 2.09%，酚氨比值 8.74。

4. 茶种质 FCF081—16

由云南省农业科学院茶叶研究所以福鼎大白茶（♀）×茶房迟生种（♂）为亲本，从杂交 F1 中单株选择出种质资源材料。

小乔木，树姿直立。发芽密度稀，芽叶色泽黄绿色，芽叶茸毛多，春茶一芽一叶期 2 月 23 日（2 月 19 日至 2 月 27 日），一芽二叶期 2 月 28 日（2 月 26 日至 3 月 1 日），一芽三叶长 6.76cm，芽长 2.64cm，一芽三叶百芽重 104.6g。叶片上斜着生，叶长 11.76cm，叶宽 4.24cm，叶面积 34.91cm^2，中叶，叶长宽比 2.78，叶长椭圆形，叶脉 10 对，叶色黄绿色，叶面微隆，叶身内折，叶质中，叶齿锐度中，叶齿密度密，叶齿深度浅，叶基楔形，叶尖渐尖，叶缘波。盛花期 9 月中旬，萼片 5 枚，花萼色泽绿色，花萼有茸毛，花冠大小 5.5cm×5.7cm，花瓣色泽白色，花瓣质地中，花瓣数 9 枚，子房有茸毛，花柱长 1.6cm，柱头 4 裂，花柱裂位高，雌雄蕊高比等高。果实形状肾形，果实大小 3.0cm×2.3cm，果皮厚 0.13cm，种子形状球形，种径大小 1.5cm×1.5cm，种皮色泽棕褐色，百粒重 200.0g。春茶一芽二叶蒸青样水浸出物 51.86 %，咖啡碱 4.07 %，茶多酚 22.18 %，氨基酸 1.35 %，酚氨比值 16.43。

5. 茶种质 FCF081—17

由云南省农业科学院茶叶研究所以福鼎大白茶（♀）×茶房迟生种（♂）为亲本，从杂交 F1 中单株选择出种质资源材料。

小乔木，树姿直立。发芽密度稀，芽叶色泽黄绿色，芽叶茸毛多，春茶一芽一叶期 2 月 28 日（2 月 25 日至 3 月 2 日），一芽二叶期 3 月 2 日（2 月 29 日至 3 月 4 日），一芽三叶长 6.66cm，芽长 2.08cm，一芽三叶百芽重 84.8g。叶片稍上斜着生，叶长 12.30cm，叶宽 4.42cm，叶面积 38.06cm²，中叶，叶长宽比 2.79，叶长椭圆形，叶脉 11 对，叶色黄绿色，叶面微隆，叶身内折，叶质中，叶齿锐度中，叶齿密度密，叶齿深度中，叶基楔形，叶尖渐尖，叶缘微波。盛花期 9 月中旬，萼片 5 枚，花萼色泽绿色，花萼有茸毛，花冠大小 5.1cm×4.9cm，花瓣色泽白色，花瓣质地中，花瓣数 7 枚，子房有茸毛，花柱长 1.5cm，柱头 3 裂，花柱裂位高，雌雄蕊高比等高。果实形状球形，果实大小 1.8cm×2.3cm，果皮厚 0.18cm，种子形状球形，种径大小 1.37cm×1.36cm，种皮色泽棕褐色，百粒重 180.0g。春茶一芽二叶蒸青样水浸出物 46.97 %，咖啡碱 3.09 %，茶多酚 18.08 %，氨基酸 2.29 %，酚氨比值 7.90。

6. 茶种质 FGK085—7

　　由云南省农业科学院茶叶研究所以福鼎大白茶（♀）×关卡大黑茶（♂）为亲本，从杂交 F1 中单株选择出种质资源材料。

　　小乔木，树姿开展。发芽密度稀，芽叶色泽黄绿色，芽叶茸毛中，春茶一芽一叶期 2 月 23 日（2 月 21 日至 2 月 25 日），一芽二叶期 2 月 28 日（2 月 26 日至 3 月 1 日），一芽三叶长 5.16cm，芽长 2.3cm，一芽三叶百芽重 75.6g。叶片上斜着生，叶长 11.70cm，叶宽 5.20cm，叶面积 42.59cm²，大叶，叶长宽比 2.25，叶椭圆形，叶脉 10 对，叶色黄绿色，叶面微隆，叶身内折，叶质中，叶齿锐度中，叶齿密度密，叶齿深度中，叶基楔形，叶尖渐尖，叶缘平。盛花期 9 月中旬，萼片 5 枚，花萼色泽绿色，花萼有茸毛，花冠大小 4.0cm×4.0cm，花瓣色泽白色，花瓣质地中，花瓣数 10 枚，子房有茸毛，花柱长 1.5cm，柱头 4 裂，花柱裂位高，雌雄蕊高比高。果实形状球形，果实大小 2.1cm×2.5cm，果皮厚 0.11cm，种子形状球形，种径大小 1.79cm×2.05cm，种皮色泽棕褐色，百粒重 400.0g。春茶一芽二叶蒸青样水浸出物 47.61%，咖啡碱 4.93%，茶多酚 19.15%，氨基酸 2.78%，酚氨比值 6.89。

7. 茶种质 FGK085—8

由云南省农业科学院茶叶研究所以福鼎大白茶（♀）×关卡大黑茶（♂）为亲本，从杂交 F1 中单株选择出种质资源材料。

乔木，树姿半开展。发芽密度中，芽叶色泽黄绿色，芽叶茸毛中，春茶一芽一叶期 2 月 28 日（2 月 24 日至 3 月 3 日），一芽二叶期 3 月 7 日（3 月 4 日至 3 月 10 日），一芽三叶长 7.74cm，芽长 3.16cm，一芽三叶百芽重 90.0g。叶片上斜着生，叶长 11.5cm，叶宽 4.60cm，叶面积 37.03cm²，中叶，叶长宽比 2.50，叶椭圆形，叶脉 10 对，叶色黄绿色，叶面微隆，叶身内折，叶质中，叶齿锐度钝，叶齿密度密，叶齿深度中，叶基楔形，叶尖渐尖，叶缘平。盛花期 9 月中旬，萼片 5 枚，花萼色泽绿色，花萼有茸毛，花冠大小 4.8cm×4.3cm，花瓣色泽白色，花瓣质地中，花瓣数 8 枚，子房有茸毛，花柱长 1.5cm，柱头 3 裂，花柱裂位中，雌雄蕊高比等高。果实形状球形，果实大小 2.1cm×2.5cm，果皮厚 0.09cm，种子形状球形，种径大小 1.82cm×1.83cm，种皮色泽棕褐色，百粒重 200.0g。春茶一芽二叶蒸青样水浸出物 48.97%，咖啡碱 4.21%，茶多酚 20.71%，氨基酸 1.70%，酚氨比值 12.18。

8. 茶种质 FGK085—9

由云南省农业科学院茶叶研究所以福鼎大白茶（♀）×关卡大黑茶（♂）为亲本，从杂交 F1 中单株选择出种质资源材料。

小乔木，树姿半开展。发芽密度稀，芽叶色泽黄绿色，芽叶茸毛中，春茶一芽一叶期 3 月 9 日（3 月 5 日至 3 月 13 日），一芽二叶期 3 月 17 日（3 月 15 日至 3 月 19 日），一芽三叶长 9.12cm，芽长 3.12cm，一芽三叶百芽重 121.4g。叶片上斜着生，叶长 12.22cm，叶宽 4.90cm，叶面积 41.92cm^2，大叶，叶长宽比 2.50，叶椭圆形，叶脉 11 对，叶色黄绿色，叶面微隆，叶身内折，叶质中，叶齿锐度中，叶齿密度密，叶齿深度中，叶基楔形，叶尖渐尖，叶缘平。盛花期 9 月中旬，萼片 5 枚，花萼色泽绿色，花萼有茸毛，花冠大小 4.9cm×4.6cm，花瓣色泽白色，花瓣质地中，花瓣数 7 枚，子房有茸毛，花柱长 1.5cm，柱头 3 裂，花柱裂位中，雌雄蕊高比等高。果实形状球形，果实大小 2.5cm×2.3cm，果皮厚 0.16cm，种子形状球形，种径大小 1.6cm×1.5cm，种皮色泽棕褐色，百粒重 226.0g。春茶一芽二叶蒸青样水浸出物 42.50%，咖啡碱 4.01%，茶多酚 16.89%，氨基酸 2.77%，酚氨比值 6.10。

9. 茶种质 FGK085—10

由云南省农业科学院茶叶研究所以福鼎大白茶（♀）×关卡大黑茶（♂）为亲本，从杂交 F1 中单株选择出种质资源材料。

乔木，树姿直立。发芽密度中，芽叶色泽黄绿色，芽叶茸毛多，春茶一芽一叶期 2 月 23 日（2 月 21 日至 2 月 25 日），一芽二叶期 2 月 28 日（2 月 26 日至 3 月 1 日），一芽三叶长 6.06cm，芽长 2.5cm，一芽三叶百芽重 54.6g。叶片上斜着生，叶长 12.68cm，叶宽 5.18cm，叶面积 45.99cm²，大叶，叶长宽比 2.45，叶椭圆形，叶脉 13 对，叶色黄绿色，叶面隆起，叶身内折，叶质中，叶齿锐度中，叶齿密度中，叶齿深度中，叶基楔形，叶尖渐尖，叶缘平。盛花期 9 月中旬，萼片 5 枚，花萼色泽绿色，花萼有茸毛，花冠大小 4.4cm×4.0cm，花瓣色泽白色，花瓣质地中，花瓣数 8 枚，子房有茸毛，花柱长 1.5cm，柱头 3 裂，花柱裂位高，雌雄蕊高比高。果实形状球形，果实大小 2.3cm×2.4cm，果皮厚 0.08cm，种子形状球形，种径大小 1.59cm×1.56cm，种皮色泽棕褐色，百粒重 180.0g。春茶一芽二叶蒸青样水浸出物 45.35%，咖啡碱 3.26%，茶多酚 16.63%，氨基酸 2.20%，酚氨比值 7.56。

10. 茶种质 FGK085—11

由云南省农业科学院茶叶研究所以福鼎大白茶（♀）× 关卡大黑茶（♂）为亲本，从杂交 F1 中单株选择出种质资源材料。

乔木，树姿直立。发芽密度中，芽叶色泽黄绿色，芽叶茸毛中，春茶一芽一叶期 3 月 2 日（2 月 29 日至 3 月 4 日），一芽二叶期 3 月 9 日（3 月 6 日至 3 月 12 日），一芽三叶长 4.94cm，芽长 2.28cm，一芽三叶百芽重 46.8g。叶片上斜着生，叶长 8.94cm，叶宽 2.96cm，叶面积 18.53cm²，小叶，叶长宽比 3.02，叶披针形，叶脉 8 对，叶色黄绿色，叶面微隆，叶身内折，叶质中，叶齿锐度中，叶齿密度密，叶齿深度中，叶基楔形，叶尖渐尖，叶缘波。盛花期 9 月下旬，萼片 5 枚，花萼色泽绿色，花萼有茸毛，花冠大小 2.9cm×2.6cm，花瓣色泽白色，花瓣质地中，花瓣数 6 枚，子房有茸毛，花柱长 1.1cm，柱头 3 裂，花柱裂位高，雌雄蕊高比高。果实形状肾形，果实大小 1.7cm×1.8cm，果皮厚 0.10cm，种子形状球形，种径大小 1.28cm×1.34cm，种皮色泽棕褐色，百粒重 72.0g。春茶一芽二叶蒸青样水浸出物 40.64 ％，咖啡碱 3.05 ％，茶多酚 17.20 ％，氨基酸 3.44 ％，酚氨比值 5.0。

11. 茶种质 FGK085—12

由云南省农业科学院茶叶研究所以福鼎大白茶（♀）×关卡大黑茶（♂）为亲本，从杂交F1中单株选择出种质资源材料。

乔木，树姿半开展。发芽密度中，芽叶色泽黄绿色，芽叶茸毛中，春茶一芽一叶期2月28日（2月25日至3月2日），一芽二叶期3月2日（2月28日至3月5日），一芽三叶长6.58cm，芽长3.3cm，一芽三叶百芽重76.0g。叶片上斜着生，叶长11.06cm，叶宽4.68cm，叶面积36.24cm^2，中叶，叶长宽比2.37，叶椭圆形，叶脉10对，叶色黄绿色，叶面微隆，叶身内折，叶质中，叶齿锐度中，叶齿密度密，叶齿深度中，叶基楔形，叶尖渐尖，叶缘微波。盛花期9月中旬，萼片5枚，花萼色泽绿色，花萼有茸毛，花冠大小3.9cm×3.8cm，花瓣色泽白色，花瓣质地中，花瓣数7枚，子房有茸毛，花柱长1.3cm，柱头3裂，花柱裂位高，雌雄蕊高比等高。果实形状肾形，果实大小3.1cm×1.9cm，果皮厚0.11cm，种子形状球形，种径大小1.67cm×1.57cm，种皮色泽棕褐色，百粒重235.0g。春茶一芽二叶蒸青样水浸出物50.23%，咖啡碱3.72%，茶多酚20.40%，氨基酸1.71%，酚氨比值11.93。

12. 茶种质 FGK085—15

由云南省农业科学院茶叶研究所以福鼎大白茶（♀）×关卡大黑茶（♂）为亲本，从杂交F1中单株选择出种质资源材料。

乔木，树姿半开展。发芽密度稀，芽叶色泽黄绿色，芽叶茸毛中，春茶一芽一叶期2月15日（2月12日至2月18日），一芽二叶期2月23日（2月20日至2月26日），一芽三叶长7.1cm，芽长2.8cm，一芽三叶百芽重80.0g。叶片上斜着生，叶长12.48cm，叶宽5.70cm，叶面积49.80cm^2，大叶，叶长宽比2.19，叶椭圆形，叶脉12对，叶色黄绿色，叶面微隆，叶身内折，叶质中，叶齿锐度中，叶齿密度密，叶齿深度中，叶基楔形，叶尖渐尖，叶缘平。盛花期9月中旬，萼片5枚，花萼色泽绿色，花萼有茸毛，花冠大小4.6cm×4.4cm，花瓣色泽白色，花瓣质地中，花瓣数7枚，子房有茸毛，花柱长1.3cm，柱头3裂，花柱裂位中，雌雄蕊高比等高。果实形状球形，果实大小1.9cm×2.2cm，果皮厚0.13cm，种子形状球形，种径大小1.77cm×1.71cm，种皮色泽棕褐色，百粒重302.0g。春茶一芽二叶蒸青样水浸出物49.23%，咖啡碱3.64%，茶多酚17.56%，氨基酸2.04%，酚氨比值8.61。

13. 茶种质 FGK085—16

由云南省农业科学院茶叶研究所以福鼎大白茶（♀）× 关卡大黑茶（♂）为亲本，从杂交F1中单株选择出种质资源材料。

小乔木，树姿半开展。发芽密度稀，芽叶色泽黄绿色，芽叶茸毛中，春茶一芽一叶期2月28日（2月25日至3月2日），一芽二叶期3月2日（2月28日至3月5日），一芽三叶长5.38cm，芽长2.64cm，一芽三叶百芽重62.4g。叶片上斜着生，叶长11.08cm，叶宽4.36cm，叶面积33.82cm^2，中叶，叶长宽比2.55，叶长椭圆形，叶脉10对，叶色黄绿色，叶面微隆，叶身内折，叶质中，叶齿锐度中，叶齿密度中，叶齿深度中，叶基楔形，叶尖渐尖，叶缘平。盛花期9月中旬，萼片5枚，花萼色泽绿色，花萼有茸毛，花冠大小4.7cm×4.4cm，花瓣色泽白色，花瓣质地中，花瓣数8枚，子房有茸毛，花柱长1.3cm，柱头3裂，花柱裂位高，雌雄蕊高比低。果实形状球形，果实大小2.3cm×2.4cm，果皮厚0.12cm，种子形状似肾形，种径大小1.70cm×1.87cm，种皮色泽棕褐色，百粒重316.0g。春茶一芽二叶蒸青样水浸出物49.70％，咖啡碱3.37％，茶多酚20.02％，氨基酸1.73％，酚氨比值11.57。

14. 茶种质 FGK085—17

　　由云南省农业科学院茶叶研究所以福鼎大白茶（♀）×关卡大黑茶（♂）为亲本，从杂交 F1 中单株选择出种质资源材料。

　　乔木，树姿半开展。发芽密度中，芽叶色泽黄绿色，芽叶茸毛多，春茶一芽一叶期 2 月 23 日（2 月 21 至 2 月 25 日），一芽二叶期 2 月 28 日（2 月 26 日至 3 月 1 日），一芽三叶长 6.62cm，芽长 2.7cm，一芽三叶百芽重 57.6g。叶片稍上斜着生，叶长 12.14cm，叶宽 5.48cm，叶面积 46.58cm^2，大叶，叶长宽比 2.22，叶椭圆形，叶脉 12 对，叶色黄绿色，叶面微隆，叶身平，叶质中，叶齿锐度中，叶齿密度密，叶齿深度浅，叶基楔形，叶尖渐尖，叶缘微波。盛花期 9 月中旬，萼片 5 枚，花萼色泽绿色，花萼有茸毛，花冠大小 3.7cm×3.3cm，花瓣色泽白色，花瓣质地中，花瓣数 8 枚，子房有茸毛，花柱长 1.3cm，柱头 3 裂，花柱裂位高，雌雄蕊高比等高。果实形状肾形，果实大小 3.9cm×2.7cm，果皮厚 0.2cm，种子形状球形，种径大小 1.98cm×1.76cm，种皮色泽棕褐色，百粒重 346.0g。春茶一芽二叶蒸青样水浸出物 45.49 %，咖啡碱 3.10 %，茶多酚 18.58 %，氨基酸 2.39 %，酚氨比值 7.77。

15. 茶种质 FGK086—1

由云南省农业科学院茶叶研究所以福鼎大白茶（♀）×关卡大黑茶（♂）为亲本，从杂交 F1 中单株选择出种质资源材料。

乔木，树姿半开展。发芽密度稀，芽叶色泽黄绿色，芽叶茸毛中，春茶一芽一叶期 2 月 28 日（2 月 25 日至 3 月 2 日），一芽二叶期 3 月 2 日（2 月 28 日至 3 月 4 日），一芽三叶长 7.82cm，芽长 3.32cm，一芽三叶百芽重 90.8g。叶片上斜着生，叶长 11.84cm，叶宽 5.78cm，叶面积 47.91cm^2，大叶，叶长宽比 2.05，叶椭圆形，叶脉 10 对，叶色黄绿色，叶面隆起，叶身内折，叶质中，叶齿锐度中，叶齿密度密，叶齿深度浅，叶基楔形，叶尖渐尖，叶缘平。盛花期 9 月下旬，萼片 5 枚，花萼色泽绿色，花萼有茸毛，花冠大小 4.3cm×4.2cm，花瓣色泽白色，花瓣质地中，花瓣数 8 枚，子房有茸毛，花柱长 1.4cm，柱头 4 裂，花柱裂位高，雌雄蕊高比等高。果实形状肾形，果实大小 2.8cm×2.1cm，果皮厚 0.06cm，种子形状球形，种径大小 1.55cm×1.65cm，种皮色泽棕褐色，百粒重 170.0g。春茶一芽二叶蒸青样水浸出物 46.94％，咖啡碱 3.92％，茶多酚 20.46％，氨基酸 1.59％，酚氨比值 12.87。

16. 茶种质 FGK086—2

由云南省农业科学院茶叶研究所以福鼎大白茶（♀）×关卡大黑茶（♂）为亲本，从杂交 F1 中单株选择出种质资源材料。

小乔木，树姿半开展。发芽密度稀，芽叶色泽黄绿色，芽叶茸毛中，春茶一芽一叶期 2 月 28 日（2 月 25 日至 3 月 2 日），一芽二叶期 3 月 7 日（3 月 4 日至 3 月 10 日），一芽三叶长 6.66cm，芽长 2.58cm，一芽三叶百芽重 80.4g。叶片上斜着生，叶长 10.74cm，叶宽 4.84cm，叶面积 36.40cm²，中叶，叶长宽比 2.22，叶椭圆形，叶脉 10 对，叶色黄绿色，叶面微隆，叶身内折，叶质中，叶齿锐度中，叶齿密度密，叶齿深度中，叶基楔形，叶尖渐尖，叶缘微波。盛花期 9 月中旬，萼片 5 枚，花萼色泽绿色，花萼有茸毛，花冠大小 4.3cm×4.3cm，花瓣色泽白色，花瓣质地中，花瓣数 7 枚，子房有茸毛，花柱长 1.4cm，柱头 3 裂，花柱裂位高，雌雄蕊高比等高。果实形状肾形，果实大小 3.7cm×2.3cm，果皮厚 0.13cm，种子形状球形，种径大小 1.77cm×1.81cm，种皮色泽棕褐色，百粒重 260g。春茶一芽二叶蒸青样水浸出物 50.38％，咖啡碱 4.52％，茶多酚 21.85％，氨基酸 1.41％，酚氨比值 15.50。

17. 茶种质 FGK086—3

由云南省农业科学院茶叶研究所以福鼎大白茶（♀）×关卡大黑茶（♂）为亲本，从杂交 F1 中单株选择出种质资源材料。

小乔木，树姿直立。发芽密度稀，芽叶色泽黄绿色，芽叶茸毛中，春茶一芽一叶期 3 月 2 日（2 月 28 日至 3 月 4 日），一芽二叶期 3 月 7 日（3 月 4 日至 3 月 10 日），一芽三叶长 6.12cm，芽长 2.76cm，一芽三叶百芽重 73.8g。叶片上斜着生，叶长 13.46cm，叶宽 5.58cm，叶面积 52.58cm^2，大叶，叶长宽比 2.42，叶椭圆形，叶脉 11 对，叶色黄绿色，叶面微隆，叶身内折，叶质中，叶齿锐度中，叶齿密度中，叶齿深度中，叶基楔形，叶尖渐尖，叶缘平。盛花期 9 月中旬，萼片 5 枚，花萼色泽绿色，花萼有茸毛，花冠大小 4.2cm×4.5cm，花瓣色泽白色，花瓣质地中，花瓣数 7 枚，子房有茸毛，花柱长 1.4cm，柱头 3 裂，花柱裂位高，雌雄蕊高比高。果实形状肾形，果实大小 2.6cm×2.1cm，果皮厚 0.15cm，种子形状球形，种径大小 1.59cm×1.75cm，种皮色泽棕褐色，百粒重 225g。春茶一芽二叶蒸青样水浸出物 49.14％，咖啡碱 4.72％，茶多酚 22.61％，氨基酸 1.89％，酚氨比值 11.96。

18. 茶种质 FGK086—4

由云南省农业科学院茶叶研究所以福鼎大白茶（♀）× 关卡大黑茶（♂）为亲本，从杂交 F1 中单株选择出种质资源材料。

小乔木，树姿开展。发芽密度稀，芽叶色泽黄绿色，芽叶茸毛中，春茶一芽一叶期 2 月 28 日（2 月 25 日至 3 月 2 日），一芽二叶期 3 月 2 日（2 月 28 日至 3 月 4 日），一芽三叶长 6.5cm，芽长 2.66cm，一芽三叶百芽重 89.2g。叶片上斜着生，叶长 10.50cm，叶宽 4.18cm，叶面积 30.73cm^2，中叶，叶长宽比 2.52，叶长椭圆形，叶脉 9 对，叶色黄绿色，叶面微隆，叶身内折，叶质中，叶齿锐度中，叶齿密度密，叶齿深度中，叶基楔形，叶尖渐尖，叶缘微波。盛花期 9 月中旬，萼片 5 枚，花萼色泽绿色，花萼有茸毛，花冠大小 4.6cm×4.3cm，花瓣色泽白色，花瓣质地中，花瓣数 6 枚，子房有茸毛，花柱长 1.6cm，柱头 3 裂，花柱裂位高，雌雄蕊高比等高。果实形状肾形，果实大小 2.6cm×2.2cm，果皮厚 0.12cm，种子形状球形，种径大小 1.53cm×1.66cm，种皮色泽棕褐色，百粒重 205g。春茶一芽二叶蒸青样水浸出物 49.93％，咖啡碱 3.57％，茶多酚 22.78％，氨基酸 1.55％，酚氨比值 14.70。

19. 茶种质 FGK086—5

由云南省农业科学院茶叶研究所以福鼎大白茶（♀）×关卡大黑茶（♂）为亲本，从杂交F1中单株选择出种质资源材料。

小乔木，树姿直立。发芽密度稀，芽叶色泽黄绿色，芽叶茸毛中，春茶一芽一叶期2月28日（2月25日至3月2日），一芽二叶期3月7日（3月5日至3月9日），一芽三叶长5.14cm，芽长2.12cm，一芽三叶百芽重50.6g。叶片上斜着生，叶长14.66cm，叶宽5.06cm，叶面积51.93cm²，大叶，叶长宽比2.90，叶长椭圆形，叶脉12对，叶色黄绿色，叶面微隆，叶身内折，叶质中，叶齿锐度中，叶齿密度密，叶齿深度浅，叶基楔形，叶尖渐尖，叶缘微波。盛花期9月上旬，萼片5枚，花萼色泽绿色，花萼有茸毛，花冠大小5.2cm×4.6cm，花瓣色泽白色，花瓣质地中，花瓣数7枚，子房有茸毛，花柱长1.4cm，柱头3裂，花柱裂位高，雌雄蕊高比低。果实形状肾形，果实大小2.6cm×1.5cm，果皮厚0.08cm，种子形状球形，种径大小1.47cm×1.47cm，种皮色泽棕褐色，百粒重168g。春茶一芽二叶蒸青样水浸出物41.64%，咖啡碱4.52%，茶多酚22.14%，氨基酸2.55%，酚氨比值8.68。

20. 茶种质 FGK086—6

由云南省农业科学院茶叶研究所以福鼎大白茶（♀）× 关卡大黑茶（♂）为亲本，从杂交 F1 中单株选择出种质资源材料。

小乔木，树姿开展。发芽密度稀，芽叶色泽黄绿色，芽叶茸毛中，春茶一芽一叶期 2 月 28 日（2 月 25 日至 3 月 2 日），一芽二叶期 3 月 2 日（2 月 28 日至 3 月 4 日），一芽三叶长 5.6cm，芽长 2.74cm，一芽三叶百芽重 68.0g。叶片上斜着生，叶长 11.36cm，叶宽 4.78cm，叶面积 38.01cm²，中叶，叶长宽比 2.38，叶椭圆形，叶脉 11 对，叶色黄绿色，叶面微隆，叶身内折，叶质中，叶齿锐度中，叶齿密度密，叶齿深度中，叶基楔形，叶尖渐尖，叶缘微波。盛花期 9 月中旬，萼片 5 枚，花萼色泽绿色，花萼有茸毛，花冠大小 3.8cm×3.8cm，花瓣色泽白色，花瓣质地中，花瓣数 7 枚，子房有茸毛，花柱长 1.4cm，柱头 3 裂，花柱裂位高，雌雄蕊高比等高。果实形状肾形，果实大小 2.8cm×2.6cm，果皮厚 0.13cm，种子形状球形，种径大小 1.76cm×1.77cm，种皮色泽棕褐色，百粒重 356g。春茶一芽二叶蒸青样水浸出物 49.09%，咖啡碱 4.40%，茶多酚 23.26%，氨基酸 1.71%，酚氨比值 13.60。

21. 茶种质 FGK086—7

由云南省农业科学院茶叶研究所以福鼎大白茶（♀）×关卡大黑茶（♂）为亲本，从杂交 F1 中单株选择出种质资源材料。

小乔木，树姿开展。发芽密度稀，芽叶色泽黄绿色，芽叶茸毛中，春茶一芽一叶期 2 月 23 日（2月 20 日至 2 月 26 日），一芽二叶期 2 月 28 日（2月 25 日至 3 月 2 日），一芽三叶长 6.6cm，芽长 2.86cm，一芽三叶百芽重 67.6g。叶片上斜着生，叶长 13.88cm，叶宽 5.30cm，叶面积 51.50cm^2，大叶，叶长宽比 2.62，叶长椭圆形，叶脉 11 对，叶色黄绿色，叶面微隆，叶身内折，叶质中，叶齿锐度中，叶齿密度密，叶齿深度中，叶基楔形，叶尖渐尖，叶缘微波。盛花期 9 月中旬，萼片 5 枚，花萼色泽绿色，花萼有茸毛，花冠大小 4.9cm×4.9cm，花瓣色泽白色，花瓣质地中，花瓣数 8 枚，子房有茸毛，花柱长 1.5cm，柱头 3 裂，花柱裂位中，雌雄蕊高比等高。果实形状球形，果实大小 2.8cm×2.9cm，果皮厚 0.2cm，种子形状半球形，种径大小 1.56cm×1.3cm，种皮色泽棕褐色，百粒重 200g。春茶一芽二叶蒸青样水浸出物 48.87 %，咖啡碱 4.88 %，茶多酚 21.18 %，氨基酸 1.75 %，酚氨比值 12.10。

22. 茶种质 FGK086—8

由云南省农业科学院茶叶研究所以福鼎大白茶（♀）×关卡大黑茶（♂）为亲本，从杂交 F1 中单株选择出种质资源材料。

小乔木，树姿半开展。发芽密度稀，芽叶色泽黄绿色，芽叶茸毛中，春茶一芽一叶期 2 月 23 日（2 月 20 日至 2 月 26 日），一芽二叶期 2 月 28 日（2 月 25 日至 3 月 2 日），一芽三叶长 5.64cm，芽长 2.9cm，一芽三叶百芽重 78.2g。叶片上斜着生，叶长 11.62cm，叶宽 4.58cm，叶面积 37.26cm^2，中叶，叶长宽比 2.54，叶长椭圆形，叶脉 11 对，叶色黄绿色，叶面微隆，叶身内折，叶质中，叶齿锐度中，叶齿密度中，叶齿深度中，叶基楔形，叶尖渐尖，叶缘微波。盛花期 9 月中旬，萼片 5 枚，花萼色泽绿色，花萼有茸毛，花冠大小 4.8cm×4.6cm，花瓣色泽白色，花瓣质地中，花瓣数 7 枚，子房有茸毛，花柱长 1.5cm，柱头 3 裂，花柱裂位中，雌雄蕊高比高。果实形状球形，果实大小 1.6cm×2.4cm，果皮厚 0.13cm，种子形状球形，种径大小 1.53cm×1.62cm，种皮色泽棕褐色，百粒重 252.0g。春茶一芽二叶蒸青样水浸出物 47.45%，咖啡碱 4.70%，茶多酚 18.99%，氨基酸 2.58%，酚氨比值 7.36。

23. 茶种质 FHA086—13

　　由云南省农业科学院茶叶研究所以福鼎大白茶（♀）×混 A 花粉（♂）为亲本，从杂交 F1 中单株选择出种质资源材料。

　　小乔木，树姿直立。发芽密度中，芽叶色泽黄绿色，芽叶茸毛中，春茶一芽一叶期 2 月 28 日（2 月 25 日至 3 月 2 日），一芽二叶期 3 月 2 日（2 月 28 日至 3 月 4 日），一芽三叶长 6.5cm，芽长 2.16cm，一芽三叶百芽重 76.8g。叶片上斜着生，叶长 11.46 cm，叶宽 4.74cm，叶面积 38.03cm²，中叶，叶长宽比 2.42，叶椭圆形，叶脉 10 对，叶色黄绿色，叶面微隆，叶身平，叶质中，叶齿锐度中，叶齿密度中，叶齿深度浅，叶基楔形，叶尖渐尖，叶缘平。盛花期 9 月中旬，萼片 5 枚，花萼色泽绿色，花萼有茸毛，花冠大小 4.8cm×3.7cm，花瓣色泽白色，花瓣质地中，花瓣数 6 枚，子房有茸毛，花柱长 1.3cm，柱头 3 裂，花柱裂位低，雌雄蕊高比等高。果实形状球形，果实大小 1.9cm×2.1cm，果皮厚 0.11cm，种子形状球形，种径大小 1.48cm×1.48cm，种皮色泽棕褐色，百粒重 198.0g。春茶一芽二叶蒸青样水浸出物 48.24 %，咖啡碱 3.62 %，茶多酚 21.43 %，氨基酸 2.03 %，酚氨比值 10.56。

　　注：混 A 花粉是指元江猪街软茶、温泉源头茶、团田大叶茶和蚂蚁茶 4 个品种的花粉混合。

24. 茶种质 FHA086—14

由云南省农业科学院茶叶研究所以福鼎大白茶（♀）×混 A 花粉（♂）为亲本，从杂交 F1 中单株选择出种质资源材料。

小乔木，树姿半开展。发芽密度稀，芽叶色泽黄绿色，芽叶茸毛多，春茶一芽一叶期 2 月 15 日（2 月 10 日至 2 月 20 日），一芽二叶期 2 月 23 日（2 月 20 日至 2 月 26 日），一芽三叶长 7.2cm，芽长 2.76cm，一芽三叶百芽重 65.8g。叶片上斜着生，叶长 14.06cm，叶宽 5.70cm，叶面积 56.11cm²，大叶，叶长宽比 2.47，叶椭圆形，叶脉 13 对，叶色黄绿色，叶面隆起，叶身平，叶质中，叶齿锐度中，叶齿密度密，叶齿深度中，叶基楔形，叶尖渐尖，叶缘平。盛花期 9 月中旬，萼片 5 枚，花萼色泽绿色，花萼有茸毛，花冠大小 4.7cm×4.6cm，花瓣色泽白色，花瓣质地中，花瓣数 6 枚，子房有茸毛，花柱长 1.5cm，柱头 3 裂，花柱裂位高，雌雄蕊高比等高。果实形状球形，果实大小 2.3cm×2.3cm，果皮厚 0.1cm，种子形状球形，种径大小 1.78cm×1.86cm，种皮色泽棕褐色，百粒重 360g。春茶一芽二叶蒸青样水浸出物 54.80%，咖啡碱 4.39%，茶多酚 20.05%，氨基酸 1.91%，酚氨比值 10.50。

注：混 A 花粉是指元江猪街软茶、温泉源头茶、团田大叶茶和蚂蚁茶 4 个品种的花粉混合。

25. 茶种质 FHA086—15

由云南省农业科学院茶叶研究所以福鼎大白茶（♀）×混 A 花粉（♂）为亲本，从杂交 F1 材料中单株选择出的高茶多酚特异种质资源材料。

小乔木，树姿半开展。发芽密度稀，芽叶色泽黄绿色，芽叶茸毛多，春茶一芽一叶期 2 月 23 日（2 月 20 日至 2 月 26 日），一芽二叶期 2 月 28 日（2 月 25 日至 3 月 2 日），一芽三叶长 6.32cm，芽长 2.7cm，一芽三叶百芽重 64.2g。叶片稍上斜着生，叶长 12.60cm，叶宽 5.32cm，叶面积 46.93cm²，大叶，叶长宽比 2.37，叶椭圆形，叶脉 11 对，叶色黄绿色，叶面隆起，叶身内折，叶质中，叶齿锐度中，叶齿密度中，叶齿深度中，叶基楔形，叶尖渐尖，叶缘微波。盛花期 9 月中旬，萼片 5 枚，花萼色泽绿色，花萼有茸毛，花冠大小 5.0cm×4.5cm，花瓣色泽白色，花瓣质地中，花瓣数 7 枚，子房有茸毛，花柱长 1.5cm，柱头 3 裂，花柱裂位高，雌雄蕊高比等高。果实形状球形，果实大小 1.6cm×2.3cm，果皮厚 0.12cm，种子形状球形，种径大小 1.74cm×1.83cm，种皮色泽棕褐色，百粒重 286.0g。春茶一芽二叶蒸青样水浸出物 43.19%，咖啡碱 3.88%，茶多酚 25.73%，氨基酸 1.91%，酚氨比值 13.47。

注：混 A 花粉是指元江猪街软茶、温泉源头茶、团田大叶茶和蚂蚁茶 4 个品种的花粉混合。

26. 茶种质 FHA086—16

由云南省农业科学院茶叶研究所以福鼎大白茶（♀）×混A花粉（♂）为亲本，从杂交F1中单株选择出种质资源材料。

小乔木，树姿半开展。发芽密度稀，芽叶色泽黄绿色，芽叶茸毛多，春茶一芽一叶期2月11日（2月9日至2月13日），一芽二叶期2月15日（2月11日至2月19日），一芽三叶长5.8cm，芽长2.48cm，一芽三叶百芽重62.2g。叶片上斜着生，叶长12.24cm，叶宽5.20cm，叶面积44.56cm²，大叶，叶长宽比2.36，叶椭圆形，叶脉10对，叶色黄绿色，叶面微隆，叶身内折，叶质中，叶齿锐度中，叶齿密度中，叶齿深度中，叶基楔形，叶尖渐尖，叶缘平。盛花期9月中旬，萼片5枚，花萼色泽绿色，花萼无茸毛，花冠大小4.5cm×4.7cm，花瓣色泽白色，花瓣质地中，花瓣数7枚，子房有茸毛，花柱长1.5cm，柱头3裂，花柱裂位高，雌雄蕊高比等高。果实形状球形，果实大小2.2cm×2.0cm，果皮厚0.25cm，种子形状球形，种径大小1.70cm×2.04cm，种皮色泽棕褐色，百粒重410g。春茶一芽二叶蒸青样水浸出物46.50%，咖啡碱3.00%，茶多酚18.28%，氨基酸1.32%，酚氨比值13.85。

注：混A花粉是指元江猪街软茶、温泉源头茶、团田大叶茶和蚂蚁茶4个品种的花粉混合。

27. 茶种质 FHA086—17

　　由云南省农业科学院茶叶研究所以福鼎大白茶（♀）×混 A 花粉（♂）为亲本，从杂交 F1 中单株选择出种质资源材料。

　　小乔木，树姿半开展。发芽密度中，芽叶色泽黄绿色，芽叶茸毛多，春茶一芽一叶期 2 月 28 日（2 月 25 日至 3 月 2 日），一芽二叶期 3 月 2 日（2 月 28 日至 3 月 5 日），一芽三叶长 7.36cm，芽长 2.94cm，一芽三叶百芽重 73.0g。叶片上斜着生，叶长 12.64cm，叶宽 5.12cm，叶面积 45.31cm²，大叶，叶长宽比 2.47，叶椭圆形，叶脉 11 对，叶色绿色，叶面微隆，叶身内折，叶质中，叶齿锐度中，叶齿密度密，叶齿深度中，叶基楔形，叶尖渐尖，叶缘平。盛花期 9 月中旬，萼片 5 枚，花萼色泽绿色，花萼有茸毛，花冠大小 4.0cm×4.0cm，花瓣色泽白色，花瓣质地中，花瓣数 6 枚，子房有茸毛，花柱长 1.4cm，柱头 3 裂，花柱裂位低，雌雄蕊高比低。果实形状球形，果实大小 2.1cm×2.5cm，果皮厚 0.16cm，种子形状球形，种径大小 1.67cm×1.62cm，种皮色泽棕褐色，百粒重 292.0g。春茶一芽二叶蒸青样水浸出物 50.56 %，咖啡碱 4.71 %，茶多酚 22.87 %，氨基酸 1.37 %，酚氨比值 16.69。

　　注：混 A 花粉是指元江猪街软茶、温泉源头茶、团田大叶茶和蚂蚁茶 4 个品种的花粉混合。

28. 茶种质 FHA087—1

由云南省农业科学院茶叶研究所以福鼎大白茶（♀）×混 A 花粉（♂）为亲本，从杂交 F1 中单株选择出种质资源材料。

乔木，树姿半开展。发芽密度中，芽叶色泽黄绿色，芽叶茸毛多，春茶一芽一叶期 2 月 23 日（2 月 20 日至 2 月 26 日），一芽二叶期 2 月 28 日（2 月 25 日至 3 月 2 日），一芽三叶长 7.48cm，芽长 2.84cm，一芽三叶百芽重 84.40g。叶片上斜着生，叶长 13.64cm，叶宽 5.30cm，叶面积 50.61cm²，大叶，叶长宽比 2.58，叶长椭圆形，叶脉 10 对，叶色黄绿色，叶面隆起，叶身内折，叶质中，叶齿锐度中，叶齿密度中，叶齿深度浅，叶基楔形，叶尖渐尖，叶缘波。盛花期 11 月中旬，萼片 5 枚，花萼色泽绿色，花萼有茸毛，花冠大小 4.0cm×3.5cm，花瓣色泽白色，花瓣质地中，花瓣数 6 枚，子房有茸毛，花柱长 1.3cm，柱头 3 裂，花柱裂位高，雌雄蕊高比高。果实形状球形，果实大小 2.3cm×1.8cm，果皮厚 0.11cm，种子形状球形，种径大小 1.52cm×1.48cm，种皮色泽棕褐色，百粒重 217g。春茶一芽二叶蒸青样水浸出物 48.73 %，咖啡碱 3.74 %，茶多酚 19.96 %，氨基酸 2.08 %，酚氨比值 9.60。

注：混 A 花粉是指元江猪街软茶、温泉源头茶、团田大叶茶和蚂蚁茶 4 个品种的花粉混合。

29. 茶种质 FHA087—2

由云南省农业科学院茶叶研究所以福鼎大白茶（♀）×混A花粉（♂）为亲本，从杂交F1中单株选择出种质资源材料。

小乔木，树姿开展。发芽密度稀，芽叶色泽黄绿色，芽叶茸毛多，春茶一芽一叶期2月23日（2月20日至2月26日），一芽二叶期2月28日（2月25日至3月2日），一芽三叶长5.58cm，芽长2.44cm，一芽三叶百芽重59.00g。叶片上斜着生，叶长10.12cm，叶宽3.92cm，叶面积27.77cm^2，中叶，叶长宽比2.59，叶长椭圆形，叶脉8对，叶色黄绿色，叶面微隆，叶身内折，叶质中，叶齿锐度中，叶齿密度密，叶齿深度中，叶基楔形，叶尖渐尖，叶缘微波。盛花期9月下旬，萼片5枚，花萼色泽绿色，花萼有茸毛，花冠大小4.3cm×4.2cm，花瓣色泽白色，花瓣质地中，花瓣数6枚，子房有茸毛，花柱长1.5cm，柱头3裂，花柱裂位高，雌雄蕊高比低。果实形状三角形，果实大小2.8cm×2.6cm，果皮厚0.14cm，种子形状球形，种径大小1.71cm×1.70cm，种皮色泽棕褐色，百粒重272g。春茶一芽二叶蒸青样水浸出物44.70％，咖啡碱3.02％，茶多酚17.83％，氨基酸2.26％，酚氨比值7.89。

注：混A花粉是指元江猪街软茶、温泉源头茶、团田大叶茶和蚂蚁茶4个品种的花粉混合。

30. 茶种质 FHA087—3

由云南省农业科学院茶叶研究所以福鼎大白茶（♀）×混A花粉（♂）为亲本，从杂交F1中单株选择出种质资源材料。

小乔木，树姿开展。发芽密度稀，芽叶色泽黄绿色，芽叶茸毛多，春茶一芽一叶期2月23日（2月20日至2月26日），一芽二叶期2月28日（2月25日至3月2日），一芽三叶长5.20cm，芽长2.24cm，一芽三叶百芽重52.60g。叶片稍上斜着生，叶长11.58cm，叶宽4.86cm，叶面积39.40cm²，中叶，叶长宽比2.39，叶椭圆形，叶脉10对，叶色黄绿色，叶面微隆，叶身内折，叶质中，叶齿锐度中，叶齿密度中，叶齿深度浅，叶基楔形，叶尖渐尖，叶缘平。盛花期9月中旬，萼片5枚，花萼色泽绿色，花萼有茸毛，花冠大小4.6cm×4.5cm，花瓣色泽白色，花瓣质地中，花瓣数7枚，子房有茸毛，花柱长1.5cm，柱头3裂，花柱裂位高，雌雄蕊高比等高。果实形状球形，果实大小2.3cm×2.2cm，果皮厚0.15cm，种子形状球形，种径大小1.66cm×1.65cm，种皮色泽棕褐色，百粒重250g。春茶一芽二叶蒸青样水浸出物48.81%，咖啡碱4.05%，茶多酚21.62%，氨基酸2.06%，酚氨比值10.50。

注：混A花粉是指元江猪街软茶、温泉源头茶、团田大叶茶和蚂蚁茶4个品种的花粉混合。

31. 茶种质 FHA087—4

由云南省农业科学院茶叶研究所以福鼎大白茶（♀）× 混 A 花粉（♂）为亲本，从杂交 F1 中单株选择出种质资源材料。

小乔木，树姿开展。发芽密度稀，芽叶色泽黄绿色，芽叶茸毛中，春茶一芽一叶期 2 月 28 日（2 月 25 日至 3 月 1 日），一芽二叶期 3 月 2 日（2 月 28 日至 3 月 5 日），一芽三叶长 7.20cm，芽长 3.22cm，一芽三叶百芽重 97.00g。叶片上斜着生，叶长 12.94cm，叶宽 5.12cm，叶面积 46.38cm²，大叶，叶长宽比 2.53，叶长椭圆形，叶脉 10 对，叶色黄绿色，叶面微隆，叶身内折，叶质中，叶齿锐度中，叶齿密度密，叶齿深度中，叶基楔形，叶尖渐尖，叶缘平。盛花期 9 月中旬，萼片 5 枚，花萼色泽绿色，花萼有茸毛，花冠大小 5.0cm×4.9cm，花瓣色泽白色，花瓣质地中，花瓣数 7 枚，子房有茸毛，花柱长 1.5cm，柱头 3 裂，花柱裂位高，雌雄蕊高比等高。果实形状肾形，果实大小 2.9cm×2.3cm，果皮厚 0.11cm，种子形状球形，种径大小 1.63cm×1.62cm，种皮色泽棕褐色，百粒重 240.0g。春茶一芽二叶蒸青样水浸出物 50.45 %，咖啡碱 4.59 %，茶多酚 22.23 %，氨基酸 1.79 %，酚氨比值 12.42。

注：混 A 花粉是指元江猪街软茶、温泉源头茶、团田大叶茶和蚂蚁茶 4 个品种的花粉混合。

32. 茶种质 FHA087—5

由云南省农业科学院茶叶研究所以福鼎大白茶（♀）×混A花粉（♂）为亲本，从杂交F1中单株选择出种质资源材料。

小乔木，树姿直立。发芽密度稀，芽叶色泽黄绿色，芽叶茸毛多，春茶一芽一叶期2月28日（2月25日至3月1日），一芽二叶期3月2日（2月28日至3月5日），一芽三叶长6.82cm，芽长2.82cm，一芽三叶百芽重80.00g。叶片上斜着生，叶长11.76cm，叶宽4.44cm，叶面积36.56cm²，中叶，叶长宽比2.65，叶长椭圆形，叶脉10对，叶色黄绿色，叶面微隆，叶身内折，叶质中，叶齿锐度中，叶齿密度密，叶齿深度中，叶基楔形，叶尖渐尖，叶缘平。盛花期9月下旬，萼片5枚，花萼色泽绿色，花萼有茸毛，花冠大小4.3cm×4.6cm，花瓣色泽白色，花瓣质地中，花瓣数6枚，子房有茸毛，花柱长1.5cm，柱头3裂，花柱裂位高，雌雄蕊高比等高。果实形状三角形，果实大小2.5cm×2.4cm，果皮厚0.13cm，种子形状球形，种径大小1.61cm×1.63cm，种皮色泽棕褐色，百粒重269g。春茶一芽二叶蒸青样水浸出物40.12％，咖啡碱3.08％，茶多酚18.61％，氨基酸2.47％，酚氨比值7.53。

注：混A花粉是指元江猪街软茶、温泉源头茶、团田大叶茶和蚂蚁茶4个品种的花粉混合。

33. 茶种质 FHA087—7

由云南省农业科学院茶叶研究所以福鼎大白茶（♀）×混A花粉（♂）为亲本，从杂交 F1 中单株选择出种质资源材料。

小乔木，树姿半开展。发芽密度中，芽叶色泽黄绿色，芽叶茸毛多，春茶一芽一叶期 2 月 23 日（2 月 20 日至 2 月 26 日），一芽二叶期 2 月 28 日（2 月 25 日至 3 月 2 日），一芽三叶长 6.04cm，芽长 2.54cm，一芽三叶百芽重 81.80g。叶片上斜着生，叶长 12.50cm，叶宽 5.12cm，叶面积 44.80cm²，大叶，叶长宽比 2.45，叶椭圆形，叶脉 10 对，叶色黄绿色，叶面微隆，叶身内折，叶质中，叶齿锐度中，叶齿密度中，叶齿深度中，叶基楔形，叶尖渐尖，叶缘微波。盛花期 9 月中旬，萼片 5 枚，花萼色泽绿色，花萼有茸毛，花冠大小 4.3cm×4.6cm，花瓣色泽白色，花瓣质地中，花瓣数 7 枚，子房有茸毛，花柱长 1.5cm，柱头 3 裂，花柱裂位高，雌雄蕊高比高。果实形状三角形，果实大小 2.9cm×2.9cm，果皮厚 0.15cm，种子形状球形，种径大小 1.68cm×1.68cm，种皮色泽棕褐色，百粒重 290.0g。春茶一芽二叶蒸青样水浸出物 46.29%，咖啡碱 3.65%，茶多酚 17.82%，氨基酸 2.28%，酚氨比值 7.82。

注：混 A 花粉是指元江猪街软茶、温泉源头茶、团田大叶茶和蚂蚁茶 4 个品种的花粉混合。

34. 茶种质 FHA087—9

由云南省农业科学院茶叶研究所以福鼎大白茶（♀）×混A花粉（♂）为亲本，从杂交F1中单株选择出种质资源材料。

小乔木，树姿半开展。发芽密度稀，芽叶色泽黄绿色，芽叶茸毛多，春茶一芽一叶期2月15日（2月13日至2月17日），一芽二叶期2月18日（2月14日至2月22日），一芽三叶长5.62cm，芽长2.48cm，一芽三叶百芽重80.20g。叶片上斜着生，叶长11.84cm，叶宽4.60cm，叶面积38.13cm²，中叶，叶长宽比2.57，叶长椭圆形，叶脉11对，叶色黄绿色，叶面隆起，叶身内折，叶质中，叶齿锐度中，叶齿密度密，叶齿深度中，叶基楔形，叶尖渐尖，叶缘微波。盛花期9月中旬，萼片5枚，花萼色泽绿色，花萼有茸毛，

花冠大小4.9cm×4.7cm，花瓣色泽白色，花瓣质地中，花瓣数8枚，子房有茸毛，花柱长1.4cm，柱头3裂，花柱裂位高，雌雄蕊高比高。果实形状肾形，果实大小3.5cm×2.2cm，果皮厚0.1cm，种子形状似肾形，种径大小1.85cm×1.78cm，种皮色泽棕褐色，百粒重350.0g。春茶一芽二叶蒸青样水浸出物47.22%，咖啡碱3.52%，茶多酚19.59%，氨基酸2.13%，酚氨比值9.20。

注：混A花粉是指元江猪街软茶、温泉源头茶、团田大叶茶和蚂蚁茶4个品种的花粉混合。

35. 茶种质 FHA087—11

由云南省农业科学院茶叶研究所以福鼎大白茶（♀）×混A花粉（♂）为亲本，从杂交F1中单株选择出种质资源材料。

小乔木，树姿开展。发芽密度稀，芽叶色泽黄绿色，芽叶茸毛多，春茶一芽一叶期2月23日（2月20日至2月26日），一芽二叶期2月28日（2月25日至3月2日），一芽三叶长6.92cm，芽长2.46cm，一芽三叶百芽重106.80g。叶片上斜着生，叶长16.74cm，叶宽6.56cm，叶面积76.88cm^2，特大叶，叶长宽比2.56，叶长椭圆形，叶脉15对，叶色黄绿色，叶面微隆，叶身内折，叶质中，叶齿锐度中，叶齿密度中，叶齿深度中，叶基楔形，叶尖渐尖，叶缘微波。盛花期9月中旬，萼片5枚，花萼色泽绿色，花萼有茸毛，花冠大小5.0cm×5.0cm，花瓣色泽白色，花瓣质地中，花瓣数6枚，子房有茸毛，花柱长1.3cm，柱头3裂，花柱裂位中，雌雄蕊高比低。果实形状肾形，果实大小3.3cm×2.0cm，果皮厚0.10cm，种子形状似肾形，种径大小1.81cm×1.72cm，种皮色泽棕褐色，百粒重296g。春茶一芽二叶蒸青样水浸出物44.98%，咖啡碱3.40%，茶多酚17.17%，氨基酸2.06%，酚氨比值8.33。

注：混A花粉是指元江猪街软茶、温泉源头茶、团田大叶茶和蚂蚁茶4个品种的花粉混合。

36. 茶种质 FHA087—12

由云南省农业科学院茶叶研究所以福鼎大白茶（♀）×混A花粉（♂）为亲本，从杂交F1中单株选择出种质资源材料。

小乔木，树姿半开展。发芽密度中，芽叶色泽黄绿色，芽叶茸毛多，春茶一芽一叶期2月15日（2月13日至2月17日），一芽二叶期2月18日（2月14日至2月22日），一芽三叶长5.78cm，芽长2.42cm，一芽三叶百芽重54.80g。叶片上斜着生，叶长9.14cm，叶宽4.36cm，叶面积27.90cm²，中叶，叶长宽比2.10，叶椭圆形，叶脉9对，叶色黄绿色，叶面微隆，叶身内折，叶质中，叶齿锐度中，叶齿密度密，叶齿深度浅，叶基楔形，叶尖渐尖，叶缘波。盛花期9月中旬，萼片5枚，花萼色泽绿色，花萼有茸毛，花冠大小4.7cm×4.5cm，花瓣色泽白色，花瓣质地中，花瓣数7枚，子房有茸毛，花柱长1.5cm，柱头3裂，花柱裂位高，雌雄蕊高比高。果实形状肾形，果实大小2.5cm×2.3cm，果皮厚0.17cm，种子形状球形，种径大小1.22cm×1.32cm，种皮色泽棕褐色，百粒重95.0g。春茶一芽二叶蒸青样水浸出物47.01%，咖啡碱3.05%，茶多酚19.62%，氨基酸1.48%，酚氨比值13.26。

注：混A花粉是指元江猪街软茶、温泉源头茶、团田大叶茶和蚂蚁茶4个品种的花粉混合。

37. 茶种质 FHA087—14

由云南省农业科学院茶叶研究所以福鼎大白茶（♀）×混 A 花粉（♂）为亲本，从杂交 F1 中单株选择出种质资源材料。

小乔木，树姿开展。发芽密度稀，芽叶色泽黄绿色，芽叶茸毛多，春茶一芽一叶期 2 月 23 日（2 月 20 日至 2 月 26 日），一芽二叶期 2 月 28 日（2 月 25 日至 3 月 2 日），一芽三叶长 6.16cm，芽长 2.46cm，一芽三叶百芽重 77.20g。叶片上斜着生，叶长 12.76cm，叶宽 4.90cm，叶面积 43.78cm²，大叶，叶长宽比 2.61，叶长椭圆形，叶脉 10 对，叶色黄绿色，叶面微隆，叶身内折，叶质中，叶齿锐度锐，叶齿密度密，叶齿深度中，叶基楔形，叶尖渐尖，叶缘微波。盛花期 11 月上旬，萼片 5 枚，花萼色泽绿色，花萼有茸毛，花冠大小 4.0cm×3.7cm，花瓣色泽白色，花瓣质地中，花瓣数 6 枚，子房有茸毛，花柱长 1.5cm，柱头 3 裂，花柱裂位中，雌雄蕊高比等高。果实形状球形，果实大小 2.2cm×2.4cm，果皮厚 0.13cm，种子形状球形，种径大小 1.65cm×1.67cm，种皮色泽棕褐色，百粒重 236.0g。春茶一芽二叶蒸青样水浸出物 44.81 %，咖啡碱 3.05 %，茶多酚 19.35 %，氨基酸 1.89 %，酚氨比值 10.24。

注：混 A 花粉是指元江猪街软茶、温泉源头茶、团田大叶茶和蚂蚁茶 4 个品种的花粉混合。

38. 茶种质 FYJ087—16

　　由云南省农业科学院茶叶研究所以福鼎大白茶（♀）×元江猪街软茶（♂）为亲本，从杂交 F1 中单株选择出种质资源材料。

　　小乔木，树姿半开展。发芽密度稀，芽叶色泽黄绿色，芽叶茸毛多，春茶一芽一叶期 2 月 23 日（2 月 20 日至 2 月 26 日），一芽二叶期 2 月 28 日（2 月 25 日至 3 月 2 日），一芽三叶长 8.96cm，芽长 2.82cm，一芽三叶百芽重 94.20g。叶片上斜着生，叶长 14.50cm，叶宽 5.90cm，叶面积 59.89cm²，大叶，叶长宽比 2.46，叶椭圆形，叶脉 12 对，叶色黄绿色，叶面微隆，叶身平，叶质中，叶齿锐度中，叶齿密度密，叶齿深度中，叶基楔形，叶尖渐尖，叶缘平。盛花期 11 月上旬，萼片 5 枚，花萼色泽绿色，花萼有茸毛，花冠大小 5.5cm×4.6cm，花瓣色泽白色，花瓣质地中，花瓣数 7 枚，子房有茸毛，花柱长 1.5cm，柱头 3 裂，花柱裂位中，雌雄蕊高比等高。果实形状三角形，果实大小 3.6m×3.9cm，果皮厚 0.19cm，种子形状球形，种径大小 1.66cm×1.76cm，种皮色泽棕褐色，百粒重 262.0g。春茶一芽二叶蒸青样水浸出物 49.86％，咖啡碱 3.96％，茶多酚 20.16％，氨基酸 1.52％，酚氨比值 13.26。

39. 茶种质 FYJ087—17

由云南省农业科学院茶叶研究所以福鼎大白茶（♀）×元江猪街软茶（♂）为亲本，从杂交 F1 中单株选择出种质资源材料。

小乔木，树姿半开展。发芽密度稀，芽叶色泽黄绿色，芽叶茸毛多，春茶一芽一叶期 2 月 28 日（2 月 25 日至 3 月 1 日），一芽二叶期 3 月 2 日（2 月 28 日至 3 月 5 日），一芽三叶长 6.68cm，芽长 2.88cm，一芽三叶百芽重 71.00g。叶片上斜着生，叶长 11.98cm，叶宽 5.02cm，叶面积 42.10cm²，大叶，叶长宽比 2.39，叶椭圆形，叶脉 12 对，叶色黄绿色，叶面隆起，叶身内折，叶质中，叶齿锐度中，叶齿密度密，叶齿深度中，叶基楔形，叶尖渐尖，叶缘微波。盛花期 11 月上旬，萼片 5 枚，花萼色泽绿色，花萼有茸毛，花冠大小 4.5cm×4.2cm，花瓣色泽白色，花瓣质地中，花瓣数 8 枚，子房有茸毛，花柱长 1.3cm，柱头 3 裂，花柱裂位高，雌雄蕊高比等高。果实形状三角形，果实大小 3.4cm×2.8cm，果皮厚 0.14cm，种子形状球形，种径大小 1.52cm×1.58cm，种皮色泽棕褐色，百粒重 212.0g。春茶一芽二叶蒸青样水浸出物 47.54%，咖啡碱 3.73%，茶多酚 21.02%，氨基酸 2.37%，酚氨比值 8.87。

40. 茶种质 FYJ088—1

由云南省农业科学院茶叶研究所以福鼎大白茶（♀）×元江猪街软茶（♂）为亲本，从杂交 F1 中单株选择出种质资源材料。

小乔木，树姿直立。发芽密度稀，芽叶色泽黄绿色，芽叶茸毛多，春茶一芽一叶期 2 月 28 日（2 月 25 日至 3 月 1 日），一芽二叶期 3 月 2 日（2 月 28 日至 3 月 5 日），一芽三叶长 8.46cm，芽长 3.30cm，一芽三叶百芽重 88.00g。叶片上斜着生，叶长 13.82cm，叶宽 5.82cm，叶面积 56.31cm²，大叶，叶长宽比 2.38，叶椭圆形，叶脉 12 对，叶色黄绿色，叶面微隆，叶身内折，叶质中，叶齿锐度中，叶齿密度密，叶齿深度中，叶基楔形，叶尖渐尖，叶缘平。盛花期 11 月上旬，萼片 5 枚，花萼色泽绿色，花萼有茸毛，花冠大小 4.1cm×3.9cm，花瓣色泽白色，花瓣质地中，花瓣数 7 枚，子房有茸毛，花柱长 1.4cm，柱头 3 裂，花柱裂位高，雌雄蕊高比高。果实形状肾形，果实大小 2.2cm×1.8cm，果皮厚 0.11cm，种子形状球形，种径大小 1.30cm×1.23cm，种皮色泽棕褐色，百粒重 130.0g。春茶一芽二叶蒸青样水浸出物 40.81%，咖啡碱 3.51%，茶多酚 20.27%，氨基酸 1.63%，酚氨比值 12.44。

41. 茶种质 FYJ088—2

由云南省农业科学院茶叶研究所以福鼎大白茶（♀）×元江猪街软茶（♂）为亲本，从杂交 F1 中单株选择出种质资源材料。

小乔木，树姿半开展。发芽密度中，芽叶色泽黄绿色，芽叶茸毛多，春茶一芽一叶期 2 月 23 日（2 月 20 日至 2 月 26 日），一芽二叶期 2 月 28 日（2 月 25 日至 3 月 2 日），一芽三叶长 7.56cm，芽长 2.80cm，一芽三叶百芽重 89.80g。叶片上斜着生，叶长 13.26cm，叶宽 5.42cm，叶面积 50.31cm^2，大叶，叶长宽比 2.45，叶椭圆形，叶脉 11 对，叶色黄绿色，叶面微隆，叶身内折，叶质中，叶齿锐度锐，叶齿密度中，叶齿深度深，叶基楔形，叶尖渐尖，叶缘微波。盛花期 11 月上旬，萼片 5 枚，花萼色泽绿色，花萼有茸毛，花冠大小 4.9cm×4.7cm，花瓣色泽白色，花瓣质地中，花瓣数 6 枚，子房有茸毛，花柱长 1.4cm，柱头 3 裂，花柱裂位高，雌雄蕊高比等高。果实形状球形，果实大小 2.4cm×2.2cm，果皮厚 0.10cm，种子形状球形，种径大小 1.80cm×1.78cm，种皮色泽棕褐色，百粒重 298.1g。春茶一芽二叶蒸青样水浸出物 47.49％，咖啡碱 3.43％，茶多酚 18.91％，氨基酸 1.76％，酚氨比值 10.74。

42. 茶种质 FYJ088—3

由云南省农业科学院茶叶研究所以福鼎大白茶（♀）× 元江猪街软茶（♂）为亲本，从杂交 F1 中单株选择出的特异种质资源材料。

小乔木，树姿半开展。发芽密度稀，芽叶色泽紫绿色，芽叶茸毛多，新梢叶柄基部花青甙显色。春茶一芽一叶期 2 月 23 日（2 月 20 日至 2 月 26 日），一芽二叶期 2 月 28 日（2 月 25 日至 3 月 2 日），一芽三叶长 5.54cm，芽长 2.16cm，一芽三叶百芽重 57.20g。叶片上斜着生，叶长 10.72cm，叶宽 5.06cm，叶面积 37.98cm²，中叶，叶长宽比 2.12，叶椭圆形，叶脉 10 对，叶色黄绿色，叶面微隆，叶身内折，叶质中，叶齿锐度中，叶齿密度中，叶齿深度中，叶基楔形，叶尖渐尖，叶缘微波。盛花期 9 月中旬，萼片 5 枚，花萼色泽绿色，花萼有茸毛，花冠大小 5.0cm×4.8cm，花瓣色泽淡红色，花瓣质地中，花瓣数 6 枚，子房有茸毛，花柱长 1.0cm，柱头 3 裂，花柱裂位中，雌雄蕊高比低。果实形状肾形，果实大小 2.74cm×2.1cm，果皮厚 0.16cm，种子形状球形，种径大小 1.79cm×1.74cm，种皮色泽棕褐色，百粒重 320g。春茶一芽二叶蒸青样水浸出物 44.80%，咖啡碱 3.00%，茶多酚 19.24%，氨基酸 2.06%，酚氨比值 9.34。

43. 茶种质 FYJ088—5

由云南省农业科学院茶叶研究所以福鼎大白茶（♀）×元江猪街软茶（♂）为亲本，从杂交 F1 中单株选择出种质资源材料。

小乔木，树姿直立。发芽密度中，芽叶色泽黄绿色，芽叶茸毛多，春茶一芽一叶期 2 月 28 日（2 月 25 日至 3 月 2 日），一芽二叶期 3 月 7 日（3 月 4 日至 3 月 10 日），一芽三叶长 6.60cm，芽长 2.56cm，一芽三叶百芽重 77.80g。叶片上斜着生，叶长 13.42cm，叶宽 5.34cm，叶面积 50.17cm²，大叶，叶长宽比 2.52，叶长椭圆形，叶脉 10 对，叶色黄绿色，叶面微隆，叶身平，叶质中，叶齿锐度中，叶齿密度密，叶齿深度中，叶基楔形，叶尖渐尖，叶缘平。盛花期 9 月中旬，萼片 5 枚，花萼色泽绿色，花萼有茸毛，花冠大小 4.9cm×4.5cm，花瓣色泽白色，花瓣质地中，花瓣数 6 枚，子房有茸毛，花柱长 1.4cm，柱头 3 裂，花柱裂位中，雌雄蕊高比等高。果实形状球形，果实大小 2.0cm×2.2cm，果皮厚 0.10cm，种子形状球形，种径大小 1.73cm×1.75cm，种皮色泽棕褐色，百粒重 326.0g。春茶一芽二叶蒸青样水浸出物 42.13％，咖啡碱 3.86％，茶多酚 16.25％，氨基酸 2.72％，酚氨比值 5.97。

44. 茶种质 FYJ088—7

由云南省农业科学院茶叶研究所以福鼎大白茶（♀）×元江猪街软茶（♂）为亲本，从杂交 F1 中单株选择出种质资源材料。

小乔木，树姿直立。发芽密度中，芽叶色泽黄绿色，芽叶茸毛中，春茶一芽一叶期 2 月 23 日（2 月 20 日至 2 月 26 日），一芽二叶期 2 月 28 日（2 月 25 日至 3 月 2 日），一芽三叶长 7.10cm，芽长 2.60cm，一芽三叶百芽重 88.60g。叶片上斜着生，叶长 12.12cm，叶宽 5.18cm，叶面积 43.96cm^2，大叶，叶长宽比 2.34，叶椭圆形，叶脉 10 对，叶色黄绿色，叶面微隆，叶身内折，叶质中，叶齿锐度中，叶齿密度中，叶齿深度中，叶基楔形，叶尖渐尖，叶缘微波。盛花期 11 月上旬，萼片 5 枚，花萼色泽绿色，花萼有茸毛，花冠大小 4.7cm×4.9cm，花瓣色泽白色，花瓣质地中，花瓣数 6 枚，子房有茸毛，花柱长 1.7cm，柱头 3 裂，花柱裂位高，雌雄蕊高比高。果实形状肾形，果实大小 3.5cm×2.5cm，果皮厚 0.12cm，种子形状球形，种径大小 1.56cm×1.81cm，种皮色泽棕褐色，百粒重 315.0g。春茶一芽二叶蒸青样水浸出物 48.68 %，咖啡碱 3.29 %，茶多酚 20.73 %，氨基酸 2.65 %，酚氨比值 7.82。

45. 茶种质 FYJ088—8

由云南省农业科学院茶叶研究所以福鼎大白茶（♀）×元江猪街软茶（♂）为亲本，从杂交 F1 中单株选择出种质资源材料。

小乔木，树姿半开展。发芽密度中，芽叶色泽黄绿色，芽叶茸毛多，春茶一芽一叶期 2 月 23 日（2月 20 日至 2 月 26 日），一芽二叶期 2 月 28 日（2月 25 日至 3 月 2 日），一芽三叶长 6.12cm，芽长2.48cm，一芽三叶百芽重 75.40g。叶片上斜着生，叶长 10.68cm，叶宽 4.50cm，叶面积 33.65cm^2，中叶，叶长宽比 2.38，叶椭圆形，叶脉 9 对，叶色黄绿色，叶面微隆，叶身平，叶质中，叶齿锐度中，叶齿密度密，叶齿深度中，叶基楔形，叶尖渐尖，叶缘微波。盛花期 9 月中旬，萼片 5 枚，花萼色泽绿色，花萼有茸毛，花冠大小 4.8cm×4.5cm，花瓣色泽白色，花瓣质地中，花瓣数 6 枚，子房有茸毛，花柱长 1.4cm，柱头 3 裂，花柱裂位中，雌雄蕊高比等高。果实形状球形，果实大小 2.7cm×2.2cm，果皮厚 0.13cm，种子形状球形，种径大小 1.70cm×1.57cm，种皮色泽棕褐色，百粒重 250.0g。春茶一芽二叶蒸青样水浸出物 46.79 %，咖啡碱 3.81 %，茶多酚 20.07 %，氨基酸 2.11 %，酚氨比值 9.51。

46. 茶种质 FYJ088—9

由云南省农业科学院茶叶研究所以福鼎大白茶（♀）×元江猪街软茶（♂）为亲本，从杂交F1中单株选择出种质资源材料。

小乔木，树姿半开展。发芽密度稀，芽叶色泽黄绿色，芽叶茸毛中，春茶一芽一叶期2月23日（2月20日至2月26日），一芽二叶期2月28日（2月25日至3月2日），一芽三叶长6.24cm，芽长2.38cm，一芽三叶百芽重56.20g。叶片上斜着生，叶长15.06cm，叶宽5.56cm，叶面积58.62cm²，大叶，叶长宽比2.71，叶长椭圆形，叶脉12对，叶色黄绿色，叶面微隆，叶身平，叶质中，叶齿锐度锐，叶齿密度密，叶齿深度中，叶基楔形，叶尖渐尖，叶缘波。盛花期9月下旬，萼片5枚，花萼色泽绿色，花萼有茸毛，花冠大小4.6cm×4.5cm，花瓣色泽白色，花瓣质地中，花瓣数7枚，子房有茸毛，花柱长1.3cm，柱头3裂，花柱裂位中，雌雄蕊高比等高。果实形状球形，果实大小2.0cm×2.3cm，果皮厚0.15cm，种子形状球形，种径大小1.72cm×1.82cm，种皮色泽棕褐色，百粒重366.0g。春茶一芽二叶蒸青样水浸出物48.03％，咖啡碱3.64％，茶多酚18.57％，氨基酸2.04％，酚氨比值9.10。

47. 茶种质 FYJ088—10

由云南省农业科学院茶叶研究所以福鼎大白茶（♀）× 元江猪街软茶（♂）为亲本，从杂交F1中单株选择出种质资源材料。

小乔木，树姿半开展。发芽密度稀，芽叶色泽黄绿色，芽叶茸毛中，春茶一芽一叶期2月28日（2月25日至3月1日），一芽二叶期3月2日（2月28日至3月5日），一芽三叶长7.42cm，芽长2.94cm，一芽三叶百芽重78.60g。叶片上斜着生，叶长13.72cm，叶宽5.40cm，叶面积51.87cm^2，大叶，叶长宽比2.54，叶长椭圆形，叶脉12对，叶色黄绿色，叶面微隆，叶身平，叶质中，叶齿锐度中，叶齿密度密，叶齿深度中，叶基楔形，叶尖渐尖，叶缘平。盛花期9月中旬，萼片5枚，花萼色泽绿色，花萼有茸毛，花冠大小4.6cm×4.3cm，花瓣色泽白色，花瓣质地中，花瓣数6枚，子房有茸毛，花柱长1.4cm，柱头3裂，花柱裂位高，雌雄蕊高比等高。果实形状肾形，果实大小3.1cm×2.2cm，果皮厚0.13cm，种子形状球形，种径大小1.65cm×1.65cm，种皮色泽棕褐色，百粒重238.0g。春茶一芽二叶蒸青样水浸出物43.70%，咖啡碱3.30%，茶多酚19.58%，氨基酸2.51%，酚氨比值7.80。

48. 茶种质 FYJ088—11

　　由云南省农业科学院茶叶研究所以福鼎大白茶（♀）× 元江猪街软茶（♂）为亲本，从杂交 F1 中单株选择出种质资源材料。

　　小乔木，树姿半开展。发芽密度稀，芽叶色泽黄绿色，芽叶茸毛多，春茶一芽一叶期 2 月 28 日（2 月 25 日至 3 月 2 日），一芽二叶期 3 月 7 日（3 月 4 日至 3 月 10 日），一芽三叶长 6.04cm，芽长 2.70cm，一芽三叶百芽重 81.80g。叶片稍上斜着生，叶长 11.88cm，叶宽 4.56cm，叶面积 37.93cm²，中叶，叶长宽比 2.61，叶长椭圆形，叶脉 9 对，叶色黄绿色，叶面微隆，叶身内折，叶质中，叶齿锐度锐，叶齿密度密，叶齿深度中，叶基楔形，叶尖渐尖，叶缘波。盛花期 9 月中旬，萼片 5 枚，花萼色泽绿色，花萼有茸毛，花冠大小 4.5cm×4.8cm，花瓣色泽白色，花瓣质地中，花瓣数 6 枚，子房有茸毛，花柱长 1.4cm，柱头 3 裂，花柱裂位中，雌雄蕊高比等高。果实形状球形，果实大小 2.2cm×2.7cm，果皮厚 0.15cm，种子形状球形，种径大小 1.69cm×1.85cm，种皮色泽棕褐色，百粒重 362.0g。春茶一芽二叶蒸青样水浸出物 49.35%，咖啡碱 3.86%，茶多酚 20.40%，氨基酸 1.79%，酚氨比值 11.40。

49. 茶种质 FYJ088—12

　　由云南省农业科学院茶叶研究所以福鼎大白茶（♀）× 元江猪街软茶（♂）为亲本，从杂交 F1 中单株选择出种质资源材料。

　　小乔木，树姿半开展。发芽密度稀，芽叶色泽黄绿色，芽叶茸毛多，春茶一芽一叶期 2 月 18 日（2 月 14 日至 2 月 22 日），一芽二叶期 2 月 23 日（2 月 20 日至 2 月 26 日），一芽三叶长 5.98cm，芽长 2.66cm，一芽三叶百芽重 66.60g。叶片上斜着生，叶长 11.56cm，叶宽 5.04cm，叶面积 40.79cm²，大叶，叶长宽比 2.29，叶椭圆形，叶脉 13 对，叶色黄绿色，叶面微隆，叶身内折，叶质中，叶齿锐度锐，叶齿密度密，叶齿深度中，叶基楔形，叶尖渐尖，叶缘平。盛花期 9 月中旬，萼片 5 枚，花萼色泽绿色，花萼有茸毛，花冠大小 4.3cm×4.3cm，花瓣色泽白色，

花瓣质地中，花瓣数 7 枚，子房有茸毛，花柱长 1.3cm，柱头 3 裂，花柱裂位高，雌雄蕊高比等高。果实形状三角形，果实大小 2.6cm×2.7cm，果皮厚 0.16cm，种子形状球形，种径大小 1.76cm×1.76cm，种皮色泽棕褐色，百粒重 298.0g。春茶一芽二叶蒸青样水浸出物 46.45 %，咖啡碱 3.33 %，茶多酚 16.24 %，氨基酸 2.29 %，酚氨比值 7.09。

50. 茶种质 FYJ088—14

由云南省农业科学院茶叶研究所以福鼎大白茶（♀）× 元江猪街软茶（♂）为亲本，从杂交 F1 中单株选择出种质资源材料。

小乔木，树姿直立。发芽密度稀，芽叶色泽黄绿色，芽叶茸毛多，春茶一芽一叶期 3 月 2 日（2 月 29 日至 3 月 4 日），一芽二叶期 3 月 7 日（3 月 4 日至 3 月 10 日），一芽三叶长 8.76cm，芽长 3.16cm，一芽三叶百芽重 76.80g。叶片上斜着生，叶长 13.58cm，叶宽 5.24cm，叶面积 49.82cm²，大叶，叶长宽比 2.60，叶长椭圆形，叶脉 11 对，叶色黄绿色，叶面微隆，叶身平，叶质中，叶齿锐度锐，叶齿密度密，叶齿深度浅，叶基楔形，叶尖渐尖，叶缘微波。盛花期 9 月中旬，萼片 5 枚，花萼色泽绿色，花萼有茸毛，花冠大小 3.9cm×3.9cm，花瓣色泽白色，花瓣质地中，花瓣数 5 枚，子房有茸毛，花柱长 1.2cm，柱头 3 裂，花柱裂位高，雌雄蕊高比等高。果实形状球形，果实大小 1.5cm×1.9cm，果皮厚 0.17cm，种子形状球形，种径大小 1.65cm×1.72cm，种皮色泽棕褐色，百粒重 288.0g。春茶一芽二叶蒸青样水浸出物 42.71%，咖啡碱 3.03%，茶多酚 18.12%，氨基酸 2.17%，酚氨比值 8.35。

51. 茶种质 FYJ088—15

由云南省农业科学院茶叶研究所以福鼎大白茶（♀）×元江猪街软茶（♂）为亲本，从杂交 F1 中单株选择出种质资源材料。

小乔木，树姿半开展。发芽密度稀，芽叶色泽黄绿色，芽叶茸毛多，春茶一芽一叶期 3 月 14 日（3 月 10 日至 3 月 18 日），一芽二叶期 3 月 17 日（3 月 15 日至 3 月 19 日），一芽三叶长 9.30cm，芽长 3.12cm，一芽三叶百芽重 132.80g。叶片上斜着生，叶长 17.48cm，叶宽 6.30cm，叶面积 77.10cm²，特大叶，叶长宽比 2.78，叶长椭圆形，叶脉 15 对，叶色绿色，叶面隆起，叶身稍背卷，叶质中，叶齿锐度中，叶齿密度中，叶齿深度中，叶基楔形，叶尖渐尖，叶缘平。盛花期 9 月中旬，萼片 5 枚，花萼色泽绿色，花萼有茸毛，花冠大小 4.6cm×4.1cm，花瓣色泽白色，花瓣质地中，花瓣数 6 枚，子房有茸毛，花柱长 1.4cm，柱头 3 裂，花柱裂位中，雌雄蕊高比等高。果实形状肾形，果实大小 2.6cm×2.4cm，果皮厚 0.19cm，种子形状球形，种径大小 1.78cm×1.78cm，种皮色泽棕褐色，百粒重 330.0g。春茶一芽二叶蒸青样水浸出物 48.65 %，咖啡碱 4.66 %，茶多酚 20.66 %，氨基酸 2.88 %，酚氨比值 7.17。

52. 茶种质 FYJ088—16

　　由云南省农业科学院茶叶研究所以福鼎大白茶（♀）×元江猪街软茶（♂）为亲本，从杂交F1中单株选择出种质资源材料。

　　小乔木，树姿直立。发芽密度稀，芽叶色泽黄绿色，芽叶茸毛多，春茶一芽一叶期2月18日（2月14日至2月22日），一芽二叶期2月23日（2月20日至2月26日），一芽三叶长7.22cm，芽长2.34cm，一芽三叶百芽重82.80g。叶片上斜着生，叶长15.40cm，叶宽6.18cm，叶面积66.63cm^2，特大叶，叶长宽比2.50，叶椭圆形，叶脉13对，叶色绿色，叶面隆起，叶身平，叶质中，叶齿锐度中，叶齿密度中，叶齿深度中，叶基楔形，叶尖渐尖，叶缘平。盛花期9月下旬，萼片5枚，花萼色泽绿色，花萼有茸毛，花冠大小3.9cm×3.6cm，花瓣色泽白色，花瓣质地中，花瓣数6枚，子房有茸毛，花柱长1.2cm，柱头3裂，花柱裂位高，雌雄蕊高比等高。果实形状肾形，果实大小3.0cm×2.1cm，果皮厚0.13cm，种子形状球形，种径大小1.5cm×1.68cm，种皮色泽棕褐色，百粒重246.0g。春茶一芽二叶蒸青样水浸出物47.65%，咖啡碱3.75%，茶多酚21.54%，氨基酸2.84%，酚氨比值7.58。

53. 茶种质 FMY089—14

由云南省农业科学院茶叶研究所以福鼎大白茶（♀）× 蚂蚁茶（♂）为亲本，从杂交 F1 中单株选择出种质资源材料。

小乔木，树姿开展。发芽密度中，芽叶色泽黄绿色，芽叶茸毛多，春茶一芽一叶期 3 月 7 日（3 月 4 日至 3 月 10 日），一芽二叶期 3 月 9 日（3 月 5 日至 3 月 13 日），一芽三叶长 11.66cm，芽长 3.74cm，一芽三叶百芽重 172.40g。叶片稍上斜着生，叶长 18.30cm，叶宽 5.66cm，叶面积 72.51cm²，特大叶，叶长宽比 3.24，叶披针形，叶脉 16 对，叶色黄绿色，叶面微隆，叶身内折，叶质中，叶齿锐度中，叶齿密度密，叶齿深度中，叶基楔形，叶尖渐尖，叶缘微波。盛花期 9 月中旬，萼片 5 枚，花萼色泽绿色，花萼有茸毛，花冠大小 4.9cm×4.5cm，花瓣色泽白色，花瓣质地中，花瓣数 8 枚，子房有茸毛，花柱长 1.3cm，柱头 3 裂，花柱裂位中，雌雄蕊高比低。果实形状肾形，果实大小 2.8cm×2.1cm，果皮厚 0.18cm，种子形状球形，种径大小 1.62cm×1.53cm，种皮色泽棕褐色，百粒重 190.0g。春茶一芽二叶蒸青样水浸出物 48.13 ％，咖啡碱 3.74 ％，茶多酚 21.99 ％，氨基酸 2.00 ％，酚氨比值 11.00。

54. 茶种质 FMY089—15

　　由云南省农业科学院茶叶研究所以福鼎大白茶（♀）× 蚂蚁茶（♂）为亲本，从杂交 F1 中单株选择出种质资源材料。

　　小乔木，树姿半开展。发芽密度稀，芽叶色泽黄绿色，芽叶茸毛特多，春茶一芽一叶期 2 月 28 日（2 月 25 日至 3 月 2 日），一芽二叶期 3 月 7 日（3 月 4 日至 3 月 10 日），一芽三叶长 8.30cm，芽长 3.34cm，一芽三叶百芽重 93.00g。叶片稍上斜着生，叶长 15.80cm，叶宽 5.96cm，叶面积 65.92cm^2，特大叶，叶长宽比 2.66，叶长椭圆形，叶脉 13 对，叶色绿色，叶面微隆，叶身平，叶质中，叶齿锐度中，叶齿密度中，叶齿深度中，叶基楔形，叶尖渐尖，叶缘平。盛花期 9 月中旬，萼片 5 枚，花萼色泽绿色，花萼有茸毛，花冠大小 4.7cm×4.6cm，花瓣色泽白色，花瓣质地中，花瓣数 6 枚，子房有茸毛，花柱长 1.4cm，柱头 3 裂，花柱裂位高，雌雄蕊高比等高。果实形状三角形，果实大小 3.5cm×3.2cm，果皮厚 0.16cm，种子形状球形，种径大小 1.79cm×1.73cm，种皮色泽棕褐色，百粒重 342.0g。春茶一芽二叶蒸青样水浸出物 40.86 %，咖啡碱 4.70 %，茶多酚 21.38 %，氨基酸 1.52 %，酚氨比值 14.07。

55. 茶种质 FMY089—16

由云南省农业科学院茶叶研究所以福鼎大白茶（♀）×蚂蚁茶（♂）为亲本，从杂交 F1 中单株选择出种质资源材料。

小乔木，树姿半开展。发芽密度稀，芽叶色泽黄绿色，芽叶茸毛多，春茶一芽一叶期 3 月 9 日（3 月 5 日至 3 月 13 日），一芽二叶期 3 月 14 日（3 月 11 日至 3 月 17 日），一芽三叶长 7.74cm，芽长 3.46cm，一芽三叶百芽重 115.00g。叶片上斜着生，叶长 13.78cm，叶宽 6.3cm，叶面积 60.78cm²，特大叶，叶长宽比 2.19，叶椭圆形，叶脉 15 对，叶色绿色，叶面隆起，叶身内折，叶质中，叶齿锐度锐，叶齿密度密，叶齿深度中，叶基楔形，叶尖渐尖，叶缘微波。盛花期 9 月中旬，萼片 5 枚，花萼色泽绿色，花萼有茸毛，花冠大小 3.9cm×3.5cm，花瓣色泽白色，花瓣质地中，花瓣数 6 枚，子房有茸毛，花柱长 0.9cm，柱头 3 裂，花柱裂位中，雌雄蕊高比等高。果实形状三角形，果实大小 3.6cm×2.8cm，果皮厚 0.13cm，种子形状球形，种径大小 1.69cm×1.62cm，种皮色泽棕褐色，百粒重 340.0g。春茶一芽二叶蒸青样水浸出物 46.42%，咖啡碱 4.09%，茶多酚 23.34%，氨基酸 1.99%，酚氨比值 11.73。

56. 茶种质 FMY089—17

由云南省农业科学院茶叶研究所以福鼎大白茶（♀）×蚂蚁茶（♂）为亲本，从杂交 F1 中单株选择出种质资源材料。

小乔木，树姿半开展。发芽密度稀，芽叶色泽黄绿色，芽叶茸毛特多，春茶一芽一叶期 3 月 14 日（3 月 11 日至 3 月 17 日），一芽二叶期 3 月 17 日（3 月 14 日至 3 月 20 日），一芽三叶长 9.58cm，芽长 3.40cm，一芽三叶百芽重 119.20g。叶片稍上斜着生，叶长 15.78cm，叶宽 5.92cm，叶面积 65.40cm²，特大叶，叶长宽比 2.67，叶长椭圆形，叶脉 14 对，叶色绿色，叶面隆起，叶身内折，叶质中，叶齿锐度中，叶齿密度中，叶齿深度中，叶基楔形，叶尖渐尖，叶缘波。盛花期 9 月中旬，萼片 5 枚，花萼色泽绿色，花萼有茸毛，花冠大小 4.9cm×4.8cm，花瓣色泽白色，花瓣质地中，花瓣数 7 枚，子房有茸毛，花柱长 1.2cm，柱头 3 裂，花柱裂位中，雌雄蕊高比等高。果实形状肾形，果实大小 3.4cm×2.6cm，果皮厚 0.15cm，种子形状球形，种径大小 1.60cm×1.53cm，种皮色泽棕褐色，百粒重 306.0g。春茶一芽二叶蒸青样水浸出物 43.44%，咖啡碱 3.36%，茶多酚 19.59%，氨基酸 2.26%，酚氨比值 8.67。

57. 茶种质 FMY0810—2

　　由云南省农业科学院茶叶研究所以福鼎大白茶（♀）×蚂蚁茶（♂）为亲本，从杂交 F1 中单株选择出种质资源材料。

　　乔木，树姿直立。发芽密度稀，芽叶色泽黄绿色，芽叶茸毛多，春茶一芽一叶期 2 月 28 日（2 月 25 日至 3 月 2 日），一芽二叶期 3 月 7 日（3 月 4 日至 3 月 10 日），一芽三叶长 7.44cm，芽长 3.26cm，一芽三叶百芽重 113.60g。叶片上斜着生，叶长 15.16cm，叶宽 5.86cm，叶面积 62.19cm²，特大叶，叶长宽比 2.59，叶长椭圆形，叶脉 12 对，叶色黄绿色，叶面微隆，叶身内折，叶质中，叶齿锐度中，叶齿密度密，叶齿深度深，叶基楔形，叶尖渐尖，叶缘波。盛花期 9 月中旬，萼片 5 枚，花萼色泽绿色，花萼有茸毛，花冠大小 4.7cm×4.6cm，花瓣色泽白色，花瓣质地中，花瓣数 7 枚，子房有茸毛，花柱长 1.4cm，柱头 3 裂，花柱裂位高，雌雄蕊高比等高。果实形状肾形，果实大小 3.2cm×1.9cm，果皮厚 0.16cm，种子形状球形，种径大小 1.62cm×1.57cm，种皮色泽棕褐色，百粒重 115.0g。春茶一芽二叶蒸青样水浸出物 43.65%，咖啡碱 3.79%，茶多酚 20.17%，氨基酸 2.49%，酚氨比值 8.10。

58. 茶种质 FMY0810—3

　　由云南省农业科学院茶叶研究所以福鼎大白茶（♀）×蚂蚁茶（♂）为亲本，从杂交F1中单株选择出种质资源材料。

　　乔木，树姿直立。发芽密度中，芽叶色泽黄绿色，芽叶茸毛多，春茶一芽一叶期2月23日（2月21日至3月25日），一芽二叶期2月28日（2月25日至3月2日），一芽三叶长7.44cm，芽长3.20cm，一芽三叶百芽重107.80g。叶片上斜着生，叶长12.84cm，叶宽4.94cm，叶面积44.41cm²，大叶，叶长宽比2.60，叶长椭圆形，叶脉12对，叶色黄绿色，叶面微隆，叶身内折，叶质中，叶齿锐度锐，叶齿密度密，叶齿深度中，叶基楔形，叶尖渐尖，叶缘波。盛花期9月中旬，萼片5枚，花萼色泽绿色，花萼有茸毛，花冠大小4.3cm×4.5cm，花瓣色泽白色，花瓣质地中，花瓣数7枚，子房有茸毛，花柱长1.3cm，柱头4裂，花柱裂位中，雌雄蕊高比低。果实形状球形，果实大小2.3cm×2.1cm，果皮厚0.14cm，种子形状球形，种径大小1.61cm×1.72cm，种皮色泽棕褐色，百粒重297.5g。春茶一芽二叶蒸青样水浸出物48.27%，咖啡碱4.27%，茶多酚20.30%，氨基酸1.73%，酚氨比值11.73。

59. 茶种质 FMY0810—4

由云南省农业科学院茶叶研究所以福鼎大白茶（♀）× 蚂蚁茶（♂）为亲本，从杂交 F1 中单株选择出种质资源材料。

小乔木，树姿开展。发芽密度中，芽叶色泽黄绿色，芽叶茸毛多，春茶一芽一叶期 2 月 23 日（2 月 21 日至 2 月 25 日），一芽二叶期 2 月 28 日（2 月 25 日至 3 月 2 日），一芽三叶长 6.12cm，芽长 2.76cm，一芽三叶百芽重 83.80g。叶片上斜着生，叶长 13.04cm，叶宽 5.44cm，叶面积 49.66cm^2，大叶，叶长宽比 2.4，叶椭圆形，叶脉 11 对，叶色黄绿色，叶面微隆，叶身内折，叶质中，叶齿锐度中，叶齿密度中，叶齿深度中，叶基楔形，叶尖渐尖，叶缘平。盛花期 9 月中旬，萼片 5 枚，花萼色泽绿色，花萼有茸毛，花冠大小 5.0cm×4.5cm，花瓣色泽白色，花瓣质地中，花瓣数 7 枚，子房有茸毛，花柱长 1.3cm，柱头 3 裂，花柱裂位高，雌雄蕊高比低。果实形状肾形，果实大小 2.7cm×2.2cm，果皮厚 0.15cm，种子形状球形，种径大小 1.53cm×1.53cm，种皮色泽棕褐色，百粒重 216.0g。春茶一芽二叶蒸青样水浸出物 44.68%，咖啡碱 3.55%，茶多酚 15.88%，氨基酸 2.14%，酚氨比值 7.42。

60. 茶种质 FMY0810—5

由云南省农业科学院茶叶研究所以福鼎大白茶（♀）×蚂蚁茶（♂）为亲本，从杂交 F1 中单株选择出种质资源材料。

小乔木，树姿半开展。发芽密度稀，芽叶色泽黄绿色，芽叶茸毛多，春茶一芽一叶期 2 月 28 日（2 月 25 日至 3 月 2 日），一芽二叶期 3 月 2 日（2 月 28 日至 3 月 5 日），一芽三叶长 6.72cm，芽长 3.28cm，一芽三叶百芽重 109.80g。叶片上斜着生，叶长 14.36cm，叶宽 5.34cm，叶面积 53.69cm²，大叶，叶长宽比 2.69，叶长椭圆形，叶脉 10 对，叶色黄绿色，叶面微隆，叶身内折，叶质中，叶齿锐度中，叶齿密度密，叶齿深度中，叶基楔形，叶尖渐尖，叶缘微波。盛花期 9 月中旬，萼片 5 枚，花萼色泽绿色，花萼有茸毛，花冠大小 4.7cm×4.7cm，花瓣色泽白色，花瓣质地中，花瓣数 8 枚，子房有茸毛，花柱长 1.4cm，柱头 4 裂，花柱裂位高，雌雄蕊高比低。果实形状三角形，果实大小 3.6cm×2.8cm，果皮厚 0.16cm，种子形状球形，种径大小 1.63cm×1.78cm，种皮色泽棕褐色，百粒重 348.0g。春茶一芽二叶蒸青样水浸出物 48.17%，咖啡碱 3.69%，茶多酚 16.58%，氨基酸 2.43%，酚氨比值 6.82。

61. 茶种质 FMY0810—6

由云南省农业科学院茶叶研究所以福鼎大白茶（♀）×蚂蚁茶（♂）为亲本，从杂交 F1 中单株选择出种质资源材料。

小乔木，树姿半开展。发芽密度稀，芽叶色泽黄绿色，芽叶茸毛多，春茶一芽一叶期 2 月 23 日（2 月 21 日至 2 月 25 日），一芽二叶期 2 月 28 日（2 月 25 日至 3 月 2 日），一芽三叶长 6.74cm，芽长 2.80cm，一芽三叶百芽重 130.80g。叶片上斜着生，叶长 13.46cm，叶宽 5.18cm，叶面积 48.82cm^2，大叶，叶长宽比 2.60，叶长椭圆形，叶脉 11 对，叶色黄绿色，叶面微隆，叶身内折，叶质中，叶齿锐度锐，叶齿密度密，叶齿深度中，叶基楔形，叶尖渐尖，叶缘微波。盛花期 9 月中旬，萼片 4 枚，花萼色泽绿色，花萼有茸毛，花冠大小 5.9cm×5.4cm，花瓣色泽白色，花瓣质地中，花瓣数 7 枚，子房有茸毛，花柱长 1.4cm，柱头 3 裂，花柱裂位中，雌雄蕊高比等高。果实形状肾形，果实大小 2.4cm×2.2cm，果皮厚 0.13cm，种子形状球形，种径大小 1.50cm×1.49cm，种皮色泽棕褐色，百粒重 209g。春茶一芽二叶蒸青样水浸出物 47.97 %，咖啡碱 3.35 %，茶多酚 19.32 %，氨基酸 1.81 %，酚氨比值 10.67。

62. 茶种质 FMY0810—7

由云南省农业科学院茶叶研究所以福鼎大白茶（♀）×蚂蚁茶（♂）为亲本，从杂交 F1 中单株选择出种质资源材料。

小乔木，树姿开展。发芽密度中，芽叶色泽黄绿色，芽叶茸毛多，春茶一芽一叶期 3 月 7 日（3 月 5 日至 3 月 9 日），一芽二叶期 3 月 9 日（3 月 6 日至 3 月 12 日），一芽三叶长 8.00cm，芽长 3.78cm，一芽三叶百芽重 88.40g。叶片上斜着生，叶长 14.54cm，叶宽 5.70cm，叶面积 58.02cm²，大叶，叶长宽比 2.55，叶长椭圆形，叶脉 14 对，叶色黄绿色，叶面平，叶身内折，叶质中，叶齿锐度中，叶齿密度中，叶齿深度中，叶基楔形，叶尖渐尖，叶缘平。盛花期 9 月中旬，萼片 5 枚，花萼色泽绿色，花萼有茸毛，花冠大小 4.3cm×3.7cm，花瓣色泽白色，花瓣质地中，花瓣数 7 枚，子房有茸毛，花柱长 1.1cm，柱头 3 裂，花柱裂位高，雌雄蕊高比低。果实形状球形，果实大小 1.8cm×2.1cm，果皮厚 0.18cm，种子形状球形，种径大小 2.02cm×1.87cm，种皮色泽棕褐色，百粒重 348.0g。春茶一芽二叶蒸青样水浸出物 48.98 %，咖啡碱 3.83 %，茶多酚 23.32 %，氨基酸 1.45 %，酚氨比值 16.08。

63. 茶种质 FMY0810—8

　　由云南省农业科学院茶叶研究所以福鼎大白茶（♀）× 蚂蚁茶（♂）为亲本，从杂交 F1 中单株选择出种质资源材料。

　　小乔木，树姿半开展。发芽密度稀，芽叶色泽黄绿色，芽叶茸毛多，春茶一芽一叶期 2 月 28 日（2 月 25 日至 3 月 2 日），一芽二叶期 3 月 7 日（3 月 4 日至 3 月 10 日），一芽三叶长 6.56cm，芽长 2.82cm，一芽三叶百芽重 92.40g。叶片上斜着生，叶长 14.80cm，叶宽 5.56 cm，叶面积 57.61cm^2，大叶，叶长宽比 2.67，叶长椭圆形，叶脉 13 对，叶色黄绿色，叶面微隆，叶身内折，叶质中，叶齿锐度锐，叶齿密度中，叶齿深度中，叶基楔形，叶尖渐尖，叶缘波。盛花期 9 月中旬，萼片 5 枚，花萼色泽绿色，花萼有茸毛，花冠大小 5.1cm×4.7cm，花瓣色泽白色，花瓣质地中，花瓣数 7 枚，子房有茸毛，花柱长 1.3cm，柱头 3 裂，花柱裂位中，雌雄蕊高比低。果实形状肾形，果实大小 3.6cm×2.5cm，果皮厚 0.18cm，种子形状球形，种径大小 1.86cm×1.78cm，种皮色泽棕褐色，百粒重 382.0g。春茶一芽二叶蒸青样水浸出物 42.72 %，咖啡碱 3.24 %，茶多酚 19.69 %，氨基酸 2.36 %，酚氨比值 8.34。

64. 茶种质 FMY0810—9

　　由云南省农业科学院茶叶研究所以福鼎大白茶（♀）×蚂蚁茶（♂）为亲本，从杂交 F1 中单株选择出种质资源材料。

　　小乔木，树姿半开展。发芽密度稀，芽叶色泽黄绿色，芽叶茸毛多，春茶一芽一叶期 2 月 23 日（2 月 21 日至 2 月 25 日），一芽二叶期 2 月 28 日（2 月 25 日至 3 月 2 日），一芽三叶长 6.56cm，芽长 3.00cm，一芽三叶百芽重 100.80g。叶片上斜着生，叶长 12.78cm，叶宽 4.74cm，叶面积 42.41cm^2，大叶，叶长宽比 2.70，叶长椭圆形，叶脉 14 对，叶色黄绿色，叶面微隆，叶身内折，叶质中，叶齿锐度锐，叶齿密度密，叶齿深度中，叶基楔形，叶尖渐尖，叶缘波。盛花期 9 月中旬，萼片 5 枚，花萼色泽绿色，花萼有茸毛，花冠大小 4.7cm×4.1cm，花瓣色泽白色，花瓣质地中，花瓣数 7 枚，子房有茸毛，花柱长 1.4cm，柱头 3 裂，花柱裂位高，雌雄蕊高比等高。果实形状肾形，果实大小 3.2cm×2.4cm，果皮厚 0.14cm，种子形状球形，种径大小 1.69cm×1.82cm，种皮色泽棕褐色，百粒重 344.0g。春茶一芽二叶蒸青样水浸出物 41.83%，咖啡碱 3.25%，茶多酚 17.41%，氨基酸 2.19%，酚氨比值 7.95。

65. 茶种质 FMY0810—10

由云南省农业科学院茶叶研究所以福鼎大白茶（♀）×蚂蚁茶（♂）为亲本，从杂交F1中单株选择出种质资源材料。

乔木，树姿半开展。发芽密度中，芽叶色泽黄绿色，芽叶茸毛多，春茶一芽一叶期2月28日（2月25日至3月2日），一芽二叶期3月7日（3月4日至3月10日），一芽三叶长7.66cm，芽长3.10cm，一芽三叶百芽重131.80g。叶片上斜着生，叶长15.78cm，叶宽6.50cm，叶面积71.80cm²，特大叶，叶长宽比2.43，叶椭圆形，叶脉13对，叶色黄绿色，叶面微隆，叶身内折，叶质中，叶齿锐度中，叶齿密度中，叶齿深度中，叶基楔形，叶尖渐尖，叶缘波。盛花期9月中旬，萼片5枚，花萼色泽绿色，花萼有茸毛，花冠大小4.7cm×4.5cm，花瓣色泽白色，花瓣质地中，花瓣数6枚，子房有茸毛，花柱长1.5cm，柱头3裂，花柱裂位中，雌雄蕊高比等高。果实形状球形，果实大小2.4cm×2.4cm，果皮厚0.14cm，种子形状球形，种径大小1.67cm×1.74cm，种皮色泽棕褐色，百粒重306.0g。春茶一芽二叶蒸青样水浸出物45.07%，咖啡碱3.98%，茶多酚18.98%，氨基酸1.84%，酚氨比值10.32。

66. 茶种质 FMY0810—12

由云南省农业科学院茶叶研究所以福鼎大白茶（♀）×蚂蚁茶（♂）为亲本，从杂交 F1 中单株选择出种质资源材料。

小乔木，树姿开展。发芽密度稀，芽叶色泽黄绿色，芽叶茸毛多，春茶一芽一叶期 2 月 28 日（2 月 25 日至 3 月 2 日），一芽二叶期 3 月 2 日（2 月 28 日至 3 月 5 日），一芽三叶长 7.22cm，芽长 3.30cm，一芽三叶百芽重 111.60g。叶片稍上斜着生，叶长 14.50cm，叶宽 5.74cm，叶面积 58.26cm^2，大叶，叶长宽比 2.53，叶长椭圆形，叶脉 10 对，叶色黄绿色，叶面微隆，叶身内折，叶质中，叶齿锐度中，叶齿密度中，叶齿深度中，叶基楔形，叶尖渐尖，叶缘微波。盛花期 9 月中旬，萼片 5 枚，花萼色泽绿色，花萼有茸毛，花冠大小 4.9cm×4.6cm，花瓣色泽白色，花瓣质地中，花瓣数 7 枚，子房有茸毛，花柱长 1.4cm，柱头 3 裂，花柱裂位中，雌雄蕊高比低。果实形状三角形，果实大小 3.6cm×3.0cm，果皮厚 0.13cm，种子形状球形，种径大小 1.95cm×1.94cm，种皮色泽棕褐色，百粒重 408.0g。春茶一芽二叶蒸青样水浸出物 50.42%，咖啡碱 4.35%，茶多酚 21.50%，氨基酸 2.11%，酚氨比值 10.19。

67. 茶种质 FMY0810—13

　　由云南省农业科学院茶叶研究所以福鼎大白茶（♀）×蚂蚁茶（♂）为亲本，从杂交 F1 中单株选择出种质资源材料。

　　小乔木，树姿半开展。发芽密度稀，芽叶色泽黄绿色，芽叶茸毛多，春茶一芽一叶期 2 月 28 日（2 月 25 日至 3 月 2 日），一芽二叶期 3 月 2 日（2 月 28 日至 3 月 5 日），一芽三叶长 8.16cm，芽长 3.70cm，一芽三叶百芽重 114.80g。叶片上斜着生，叶长 14.96cm，叶宽 6.60cm，叶面积 69.12cm^2，特大叶，叶长宽比 2.27，叶椭圆形，叶脉 12 对，叶色黄绿色，叶面隆起，叶身内折，叶质中，叶齿锐度中，叶齿密度中，叶齿深度中，叶基楔形，叶尖渐尖，叶缘平。盛花期 9 月中旬，萼片 5 枚，花萼色泽绿色，花萼有茸毛，花冠大小 5.1cm×4.9cm，花瓣色泽白色，花瓣质地中，花瓣数 6 枚，子房有茸毛，花柱长 1.4cm，柱头 3 裂，花柱裂位高，雌雄蕊高比低。果实形状球形，果实大小 2.0cm×2.1cm，果皮厚 0.13cm，种子形状球形，种径大小 1.75cm×1.65cm，种皮色泽棕褐色，百粒重 310.0g。春茶一芽二叶蒸青样水浸出物 47.57％，咖啡碱 4.80％，茶多酚 21.20％，氨基酸 2.31％，酚氨比值 9.18。

68. 茶种质 FMY0810—14

由云南省农业科学院茶叶研究所以福鼎大白茶（♀）×蚂蚁茶（♂）为亲本，从杂交 F1 中单株选择出种质资源材料。

小乔木，树姿半开展。发芽密度稀，芽叶色泽黄绿色，芽叶茸毛多，春茶一芽一叶期 2 月 28 日（2 月 25 日至 3 月 2 日），一芽二叶期 3 月 7 日（3 月 4 日至 3 月 10 日），一芽三叶长 8.38cm，芽长 3.40cm，一芽三叶百芽重 101.40g。叶片上斜着生，叶长 13.14cm，叶宽 5.58cm，叶面积 51.34cm²，大叶，叶长宽比 2.36，叶椭圆形，叶脉 12 对，叶色黄绿色，叶面微隆，叶身内折，叶质中，叶齿锐度中，叶齿密度密，叶齿深度中，叶基楔形，叶尖渐尖，叶缘微波。盛花期 9 月中旬，萼片 5 枚，花萼色泽绿色，花萼有茸毛，花冠大小 4.2cm×4.0cm，花瓣色泽白色，花瓣质地中，花瓣数 8 枚，子房有茸毛，花柱长 1.3cm，柱头 3 裂，花柱裂位高，雌雄蕊高比等高。果实形状肾形，果实大小 3.7cm×2.5cm，果皮厚 0.11cm，种子形状球形，种径大小 1.81cm×1.72cm，种皮色泽棕褐色，百粒重 328.0g。春茶一芽二叶蒸青样水浸出物 49.27 %，咖啡碱 4.07 %，茶多酚 21.07 %，氨基酸 1.70 %，酚氨比值 12.39。

69. 茶种质 FMY0810—15

由云南省农业科学院茶叶研究所以福鼎大白茶（♀）× 蚂蚁茶（♂）为亲本，从杂交 F1 中单株选择出种质资源材料。

小乔木，树姿半开展。发芽密度稀，芽叶色泽黄绿色，芽叶茸毛多，春茶一芽一叶期 2 月 28 日（2 月 25 日至 3 月 2 日），一芽二叶期 3 月 7 日（3 月 4 日至 3 月 10 日），一芽三叶长 8.22cm，芽长 3.34cm，一芽三叶百芽重 134.00g。叶片上斜着生，叶长 15.60cm，叶宽 6.34cm，叶面积 69.24cm²，特大叶，叶长宽比 2.46，叶椭圆形，叶脉 12 对，叶色绿色，叶面微隆，叶身内折，叶质中，叶齿锐度锐，叶齿密度密，叶齿深度中，叶基楔形，叶尖渐尖，叶缘微波。盛花期 9 月中旬，萼片 5 枚，花萼色泽绿色，花萼有茸毛，花冠大小 4.1cm×4.3cm，花瓣色泽白色，花瓣质地中，花瓣数 7 枚，子房有茸毛，花柱长 1.1cm，柱头 3 裂，花柱裂位高，雌雄蕊高比等高。果实形状肾形，果实大小 3.1cm×2.6cm，果皮厚 0.12cm，种子形状球形，种径大小 1.52cm×1.61cm，种皮色泽棕褐色，百粒重 252.0g。春茶一芽二叶蒸青样水浸出物 51.02%，咖啡碱 3.93%，茶多酚 21.63%，氨基酸 1.75%，酚氨比值 12.36。

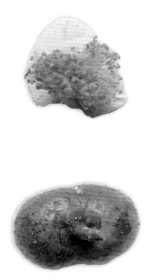

70. 茶种质 FMY0810—16

由云南省农业科学院茶叶研究所以福鼎大白茶（♀）× 蚂蚁茶（♂）为亲本，从杂交 F1 中单株选择出种质资源材料。

小乔木，树姿半开展。发芽密度稀，芽叶色泽黄绿色，芽叶茸毛多，春茶一芽一叶期 3 月 7 日（3 月 5 日至 3 月 9 日），一芽二叶期 3 月 9 日（3 月 6 日至 3 月 12 日），一芽三叶长 7.44cm，芽长 3.24cm，一芽三叶百芽重 101.60g。叶片上斜着生，叶长 17.02cm，叶宽 6.10cm，叶面积 72.69cm²，特大叶，叶长宽比 2.79，叶长椭圆形，叶脉 14 对，叶色绿色，叶面隆起，叶身内折，叶质中，叶齿锐度锐，叶齿密度中，叶齿深度中，叶基楔形，叶尖渐尖，叶缘平。盛花期 11 月上旬，萼片 5 枚，花萼色泽绿色，花萼有茸毛，花冠大小 5.3cm×4.7cm，花瓣色泽淡绿色，花瓣质地中，花瓣数 6 枚，子房有茸毛，花柱长 1.5cm，柱头 4 裂，花柱裂位中，雌雄蕊高比低。果实形状三角形，果实大小 3.3cm×2.4cm，果皮厚 0.12cm，种子形状球形，种径大小 1.46cm×1.56cm，种皮色泽棕褐色，百粒重 206.0g。春茶一芽二叶蒸青样水浸出物 51.47 %，咖啡碱 3.80 %，茶多酚 20.05 %，氨基酸 1.45 %，酚氨比值 13.83。

71. 茶种质 FMY0810—17

由云南省农业科学院茶叶研究所以福鼎大白茶（♀）× 蚂蚁茶（♂）为亲本，从杂交 F1 中单株选择出种质资源材料。

小乔木，树姿半开展。发芽密度稀，芽叶色泽黄绿色，芽叶茸毛多，春茶一芽一叶期 3 月 14 日（3 月 10 日至 3 月 18 日），一芽二叶期 3 月 21 日（3 月 17 日至 3 月 25 日），一芽三叶长 9.10cm，芽长 3.80cm，一芽三叶百芽重 113.80g。叶片上斜着生，叶长 16.00cm，叶宽 5.46cm，叶面积 61.16cm²，特大叶，叶长宽比 2.93，叶长椭圆形，叶脉 12 对，叶色黄绿色，叶面微隆，叶身内折，叶质中，叶齿锐度中，叶齿密度中，叶齿深度中，叶基楔形，叶尖渐尖，叶缘微波。盛花期 9 月中旬，萼片 5 枚，花萼色泽绿色，花萼有茸毛，花冠大小 5.0cm×4.4cm，花瓣色泽白色，花瓣质地中，花瓣数 8 枚，子房有茸毛，花柱长 1.5cm，柱头 3 裂，花柱裂位高，雌雄蕊高比等高。果实形状肾形，果实大小 3.6cm×2.4cm，果皮厚 0.12cm，种子形状锥形，种径大小 1.84cm×1.87cm，种皮色泽棕褐色，百粒重 336.0g。春茶一芽二叶蒸青样水浸出物 45.72%，咖啡碱 3.51%，茶多酚 20.53%，氨基酸 1.81%，酚氨比值 11.34。

72. 茶种质 FMY0811—1

由云南省农业科学院茶叶研究所以福鼎大白茶（♀）×蚂蚁茶（♂）为亲本，从杂交 F1 中单株选择出种质资源材料。

小乔木，树姿半开展。发芽密度稀，芽叶色泽黄绿色，芽叶茸毛多，春茶一芽一叶期 2 月 28 日（2 月 25 日至 3 月 2 日），一芽二叶期 3 月 7 日（3 月 4 日至 3 月 10 日），一芽三叶长 6.58cm，芽长 2.50cm，一芽三叶百芽重 84.80g。叶片上斜着生，叶长 14.20cm，叶宽 5.30cm，叶面积 52.69cm²，大叶，叶长宽比 2.68，叶长椭圆形，叶脉 13 对，叶色黄绿色，叶面微隆，叶身内折，叶质中，叶齿锐度中，叶齿密度密，叶齿深度中，叶基楔形，叶尖渐尖，叶缘平。盛花期 9 月中旬，萼片 5 枚，花萼色泽绿色，花萼有茸毛，花冠大小 5.0cm×4.7cm，花瓣色泽白色，花瓣质地中，花瓣数 8 枚，子房有茸毛，花柱长 1.0cm，柱头 3 裂，花柱裂位中，雌雄蕊高比低。果实形状球形，果实大小 2.1cm×2.0cm，果皮厚 0.14cm，种子形状球形，种径大小 1.5cm×1.8cm，种皮色泽棕褐色，百粒重 270.0g。春茶一芽二叶蒸青样水浸出物 49.82%，咖啡碱 4.25%，茶多酚 21.15%，氨基酸 1.27%，酚氨比值 16.65。

73. 茶种质 FMY0811—2

　　由云南省农业科学院茶叶研究所以福鼎大白茶（♀）×蚂蚁茶（♂）为亲本，从杂交 F1 中单株选择出种质资源材料。

　　小乔木，树姿半开展。发芽密度稀，芽叶色泽黄绿色，芽叶茸毛多，春茶一芽一叶期 2 月 23 日（2 月 21 日至 2 月 25 日），一芽二叶期 2 月 28 日（2 月 25 日至 3 月 2 日），一芽三叶长 6.96cm，芽长 3.20cm，一芽三叶百芽重 112.00g。叶片稍上斜着生，叶长 14.96 cm，叶宽 6.54 cm，叶面积 68.49cm²，特大叶，叶长宽比 2.29，叶椭圆形，叶脉 14 对，叶色黄绿色，叶面微隆，叶身内折，叶质中，叶齿锐度钝，叶齿密度中，叶齿深度浅，叶基楔形，叶尖渐尖，叶缘平。盛花期 9 月中旬，萼片 5 枚，花萼色泽绿色，花萼有茸毛，花冠大小 4.9cm×5.4cm，花瓣色泽白色，花瓣质地中，花瓣数 7 枚，子房有茸毛，花柱长 1.3cm，柱头 3 裂，花柱裂位高，雌雄蕊高比等高。果实形状球形，果实大小 1.9cm×1.9cm，果皮厚 0.12cm，种子形状球形，种径大小 1.45cm×1.50cm，种皮色泽棕褐色，百粒重 238g。春茶一芽二叶蒸青样水浸出物 48.58 ％，咖啡碱 3.83 ％，茶多酚 18.67 ％，氨基酸 1.81 ％，酚氨比值 10.31。

74. 茶种质 FMY0811—3

由云南省农业科学院茶叶研究所以福鼎大白茶（♀）×蚂蚁茶（♂）为亲本，从杂交 F1 中单株选择出种质资源材料。

小乔木，树姿半开展。发芽密度稀，芽叶色泽黄绿色，芽叶茸毛多，春茶一芽一叶期 2 月 28 日（2 月 25 日至 3 月 2 日），一芽二叶期 3 月 2 日（2 月 28 日至 3 月 5 日），一芽三叶长 7.12cm，芽长 3.50cm，一芽三叶百芽重 132.40g。叶片上斜着生，叶长 13.90cm，叶宽 5.54cm，叶面积 53.91cm²，大叶，叶长宽比 2.51，叶长椭圆形，叶脉 11 对，叶色黄绿色，叶面微隆，叶身内折，叶质中，叶齿锐度中，叶齿密度密，叶齿深度中，叶基楔形，叶尖渐尖，叶缘微波。盛花期 9 月中旬，萼片 5 枚，花萼色泽绿色，花萼有茸毛，花冠大小 5.3cm×5.1cm，花瓣色泽白色，花瓣质地中，花瓣数 7 枚，子房有茸毛，花柱长 1.6cm，柱头 3 裂，花柱裂位高，雌雄蕊高比等高。果实形状肾形，果实大小 2.1cm×2.4cm，果皮厚 0.14cm，种子形状球形，种径大小 1.64cm×1.70cm，种皮色泽棕褐色，百粒重 225g。春茶一芽二叶蒸青样水浸出物 50.72%，咖啡碱 3.40%，茶多酚 18.83%，氨基酸 1.92%，酚氨比值 9.81。

75. 茶种质 FMY0811—4

由云南省农业科学院茶叶研究所以福鼎大白茶（♀）×蚂蚁茶（♂）为亲本，从杂交F1中单株选择出种质资源材料。

小乔木，树姿半开展。发芽密度稀，芽叶色泽黄绿色，芽叶茸毛多，春茶一芽一叶期3月2日（2月28日至3月5日），一芽二叶期3月7日（3月5日至3月9日），一芽三叶长8.06cm，芽长3.28cm，一芽三叶百芽重120.00g。叶片上斜着生，叶长12.94cm，叶宽4.80cm，叶面积43.49cm²，大叶，叶长宽比2.70，叶长椭圆形，叶脉10对，叶色黄绿色，叶面微隆，叶身内折，叶质中，叶齿锐度中，叶齿密度密，叶齿深度中，叶基楔形，叶尖渐尖，叶缘平。盛花期9月中旬，萼片5枚，花萼色泽绿色，花萼有茸毛，花冠大小4.3cm×4.3cm，花瓣色泽白色，花瓣质地中，花瓣数7枚，子房有茸毛，花柱长1.3cm，柱头3裂，花柱裂位高，雌雄蕊高比低。果实形状三角形，果实大小3.1cm×2.6cm，果皮厚0.18cm，种子形状球形，种径大小1.53cm×1.71cm，种皮色泽棕褐色，百粒重298.0g。春茶一芽二叶蒸青样水浸出物47.92%，咖啡碱3.50%，茶多酚21.10%，氨基酸1.81%，酚氨比值11.66。

76. 茶种质 FMY0811—5

由云南省农业科学院茶叶研究所以福鼎大白茶（♀）×蚂蚁茶（♂）为亲本，从杂交F1中单株选择出种质资源材料。

小乔木，树姿开展。发芽密度中，芽叶色泽黄绿色，芽叶茸毛多，春茶一芽一叶期3月7日（3月5日至3月9日），一芽二叶期3月9日（3月6日至3月12日），一芽三叶长5.28cm，芽长2.36cm，一芽三叶百芽重89.60g。叶片上斜着生，叶长14.92cm，叶宽5.06cm，叶面积52.85cm^2，大叶，叶长宽比2.95，叶长椭圆形，叶脉13对，叶色黄绿色，叶面隆起，叶身内折，叶质中，叶齿锐度中，叶齿密度密，叶齿深度中，叶基楔形，叶尖渐尖，叶缘波。盛花期9月中旬，萼片5枚，花萼色泽绿色，花萼有茸毛，花冠大小5.0cm×4.3cm，花瓣色泽白色，花瓣质地中，花瓣数7枚，子房有茸毛，花柱长1.4cm，柱头3裂，花柱裂位中，雌雄蕊高比低。果实形状肾形，果实大小2.4cm×2.5cm，果皮厚0.13cm，种子形状球形，种径大小1.75cm×1.77cm，种皮色泽棕褐色，百粒重320.0g。春茶一芽二叶蒸青样水浸出物47.85%，咖啡碱3.50%，茶多酚18.51%，氨基酸1.76%，酚氨比值10.52。

77. 茶种质 FMY0811—6

由云南省农业科学院茶叶研究所以福鼎大白茶（♀）×蚂蚁茶（♂）为亲本，从杂交F1中单株选择出种质资源材料。

小乔木，树姿半开展。发芽密度稀，芽叶色泽黄绿色，芽叶茸毛多，春茶一芽一叶期3月2日（2月28日至3月5日），一芽二叶期3月9日（3月6日至3月12日），一芽三叶长5.68cm，芽长2.48cm，一芽三叶百芽重85.80g。叶片上斜着生，叶长12.86cm，叶宽4.76cm，叶面积42.86cm^2，大叶，叶长宽比2.71，叶长椭圆形，叶脉12对，叶色黄绿色，叶面微隆，叶身内折，叶质中，叶齿锐度中，叶齿密度密，叶齿深度中，叶基楔形，叶尖渐尖，叶缘波。盛花期9月中旬，萼片5枚，花萼色泽绿色，花萼有茸毛，花冠大小5.2cm×5.1cm，花瓣色泽白色，花瓣质地中，花瓣数8枚，子房有茸毛，花柱长1.4cm，柱头3裂，花柱裂位中，雌雄蕊高比低。果实形状肾形，果实大小3.0cm×2.2cm，果皮厚0.11cm，种子形状球形，种径大小1.67cm×1.63cm，种皮色泽棕褐色，百粒重294.0g。春茶一芽二叶蒸青样水浸出物43.83%，咖啡碱3.34%，茶多酚17.32%，氨基酸2.17%，酚氨比值7.98。

78. 茶种质 FMY0811—7

由云南省农业科学院茶叶研究所以福鼎大白茶（♀）×蚂蚁茶（♂）为亲本，从杂交 F1 中单株选择出种质资源材料。

小乔木，树姿半开展。发芽密度稀，芽叶色泽黄绿色，芽叶茸毛多，春茶一芽一叶期 2 月 18 日（2 月 16 日至 2 月 20 日），一芽二叶期 2 月 23 日（2 月 20 日至 2 月 26 日），一芽三叶长 6.04cm，芽长 2.40cm，一芽三叶百芽重 88.00g。叶片上斜着生，叶长 13.86cm，叶宽 5.72cm，叶面积 55.50cm²，大叶，叶长宽比 2.43，叶椭圆形，叶脉 13 对，叶色黄绿色，叶面微隆，叶身内折，叶质中，叶齿锐度中，叶齿密度密，叶齿深度浅，叶基楔形，叶尖渐尖，叶缘微波。盛花期 9 月中旬，萼片 5 枚，花萼色泽绿色，花萼有茸毛，花冠大小 4.8cm×4.9cm，花瓣色泽白色，花瓣质地中，花瓣数 7 枚，子房有茸毛，花柱长 1.4cm，柱头 3 裂，花柱裂位高，雌雄蕊高比等高。果实形状三角形，果实大小 2.6cm×2.9cm，果皮厚 0.13cm，种子形状锥形，种径大小 1.74cm×1.69cm，种皮色泽棕褐色，百粒重 230g。春茶一芽二叶蒸青样水浸出物 46.24%，咖啡碱 3.46%，茶多酚 14.98%，氨基酸 1.92%，酚氨比值 7.80。

79. 茶种质 FMY0811—8

由云南省农业科学院茶叶研究所以福鼎大白茶（♀）×蚂蚁茶（♂）为亲本，从杂交F1中单株选择出种质资源材料。

小乔木，树姿半开展。发芽密度中，芽叶色泽黄绿色，芽叶茸毛多，春茶一芽一叶期2月23日（2月21日至2月25日），一芽二叶期2月28日（2月25日至3月2日），一芽三叶长6.02cm，芽长2.48cm，一芽三叶百芽重72.00g。叶片上斜着生，叶长15.16cm，叶宽5.54cm，叶面积58.80cm²，大叶，叶长宽比2.74，叶长椭圆形，叶脉14对，叶色黄绿色，叶面微隆，叶身内折，叶质中，叶齿锐度中，叶齿密度密，叶齿深度中，叶基楔形，叶尖渐尖，叶缘微波。盛花期9月中旬，萼片5枚，花萼色泽绿色，花萼有茸毛，花冠大小4.2cm×4.1cm，花瓣色泽白色，花瓣质地中，花瓣数8枚，子房有茸毛，花柱长1.3cm，柱头3裂，花柱裂位高，雌雄蕊高比等高。果实形状球形，果实大小1.9cm×2.4cm，果皮厚0.18cm，种子形状球形，种径大小1.62cm×1.84cm，种皮色泽棕褐色，百粒重340.0g。春茶一芽二叶蒸青样水浸出物42.05％，咖啡碱3.98％，茶多酚15.88％，氨基酸2.48％，酚氨比值6.40。

80. 茶种质 FMY0811—9

由云南省农业科学院茶叶研究所以福鼎大白茶（♀）×蚂蚁茶（♂）为亲本，从杂交 F1 中单株选择出种质资源材料。

小乔木，树姿开展。发芽密度稀，芽叶色泽黄绿色，芽叶茸毛多，春茶一芽一叶期 2 月 18 日（2 月 16 日至 2 月 20 日），一芽二叶期 2 月 23 日（2 月 20 日至 2 月 26 日），一芽三叶长 6.42cm，芽长 2.60cm，一芽三叶百芽重 95.40g。叶片上斜着生，叶长 12.32cm，叶宽 4.92cm，叶面积 42.44cm^2，大叶，叶长宽比 2.51，叶长椭圆形，叶脉 12 对，叶色黄绿色，叶面微隆，叶身内折，叶质中，叶齿锐度锐，叶齿密度密，叶齿深度中，叶基楔形，叶尖渐尖，叶缘波。盛花期 9 月中旬，萼片 5 枚，花萼色泽绿色，花萼有茸毛，花冠大小 4.4cm×3.9cm，花瓣色泽白色，花瓣质地中，花瓣数 9 枚，子房有茸毛，花柱长 1.1cm，柱头 3 裂，花柱裂位高，雌雄蕊高比低。果实形状肾形，果实大小 3.0cm×2.7cm，果皮厚 0.15cm，种子形状球形，种径大小 1.54cm×1.55cm，种皮色泽棕褐色，百粒重 286.0g。春茶一芽二叶蒸青样水浸出物 49.33%，咖啡碱 3.14%，茶多酚 19.95%，氨基酸 1.33%，酚氨比值 15.00。

81. 茶种质 FMY0811—10

由云南省农业科学院茶叶研究所以福鼎大白茶（♀）×蚂蚁茶（♂）为亲本，从杂交F1中单株选择出种质资源材料。

小乔木，树姿半开展。发芽密度稀，芽叶色泽黄绿色，芽叶茸毛多，春茶一芽一叶期3月2日（2月28日至3月5日），一芽二叶期3月7日（3月5日至3月9日），一芽三叶长6.82cm，芽长3.16cm，一芽三叶百芽重72.40g。叶片上斜着生，叶长13.74cm，叶宽4.98cm，叶面积47.91cm^2，大叶，叶长宽比2.76，叶长椭圆形，叶脉12对，叶色黄绿色，叶面微隆，叶身内折，叶质中，叶齿锐度中，叶齿密度密，叶齿深度深，叶基楔形，叶尖渐尖，叶缘波。盛花期9月中旬，萼片5枚，花萼色泽绿色，花萼有茸毛，花冠大小4.3cm×4.0cm，花瓣色泽白色，花瓣质地中，花瓣数6枚，子房有茸毛，花柱长1.3cm，柱头3裂，花柱裂位中，雌雄蕊高比等高。果实形状三角形，果实大小2.9cm×2.8cm，果皮厚0.17cm，种子形状球形，种径大小1.66cm×1.66cm，种皮色泽棕褐色，百粒重316.0g。春茶一芽二叶蒸青样水浸出物49.90%，咖啡碱3.83%，茶多酚18.09%，氨基酸1.41%，酚氨比值12.83。

82. 茶种质 FMY0811—11

由云南省农业科学院茶叶研究所以福鼎大白茶（♀）×蚂蚁茶（♂）为亲本，从杂交 F1 中单株选择出种质资源材料。

小乔木，树姿直立。发芽密度稀，芽叶色泽黄绿色，芽叶茸毛多，春茶一芽一叶期2月28日（2月25日至3月2日），一芽二叶期3月2日（2月28日至3月5日），一芽三叶长6.30cm，芽长2.72cm，一芽三叶百芽重78.20g。叶片上斜着生，叶长12.32cm，叶宽4.74cm，叶面积40.88cm²，大叶，叶长宽比2.60，叶长椭圆形，叶脉12对，叶色黄绿色，叶面微隆，叶身内折，叶质中，叶齿锐度中，叶齿密度密，叶齿深度中，叶基楔形，叶尖渐尖，叶缘微波。盛花期9月中旬，萼片5枚，花萼色泽绿色，花萼有茸毛，花冠大小4.3×4.1cm，花瓣色泽白色，花瓣质地中，花瓣数7枚，子房有茸毛，花柱长1.2cm，柱头3裂，花柱裂位高，雌雄蕊高比低。果实形状三角形，果实大小3.3m×3.1cm，果皮厚0.13cm，种子形状球形，种径大小1.61cm×1.48cm，种皮色泽棕褐色，百粒重276.0g。春茶一芽二叶蒸青样水浸出物41.35%，咖啡碱3.19%，茶多酚19.14%，氨基酸1.60%，酚氨比值11.96。

83. 茶种质 FMY0811—12

由云南省农业科学院茶叶研究所以福鼎大白茶（♀）×蚂蚁茶（♂）为亲本，从杂交 F1 中单株选择出种质资源材料。

小乔木，树姿直立。发芽密度稀，芽叶色泽黄绿色，芽叶茸毛多，春茶一芽一叶期 3 月 14 日（3 月 10 日至 3 月 18 日），一芽二叶期 3 月 21 日（3 月 17 日至 3 月 25 日），一芽三叶长 8.82cm，芽长 3.60cm，一芽三叶百芽重 117.80g。叶片上斜着生，叶长 14.06cm，叶宽 5.32cm，叶面积 52.36cm²，大叶，叶长宽比 2.65，叶长椭圆形，叶脉 12 对，叶色黄绿色，叶面微隆，叶身内折，叶质中，叶齿锐度中，叶齿密度中，叶齿深度中，叶基楔形，叶尖渐尖，叶缘微波。盛花期 9 月中旬，萼片 5 枚，花萼色泽绿色，花萼有茸毛，花冠大小 4.7cm×4.5cm，花瓣色泽白色，花瓣质地中，花瓣数 8 枚，子房有茸毛，花柱长 1.4cm，柱头 3 裂，花柱裂位高，雌雄蕊高比等高。果实形状肾形，果实大小 3.9cm×2.8cm，果皮厚 0.14cm，种子形状球形，种径大小 1.94cm×1.96cm，种皮色泽棕褐色，百粒重 446.0g。春茶一芽二叶蒸青样水浸出物 41.33%，咖啡碱 3.46%，茶多酚 15.78%，氨基酸 3.57%，酚氨比值 4.42。

84. 茶种质 FMY0811—13

由云南省农业科学院茶叶研究所以福鼎大白茶（♀）×蚂蚁茶（♂）为亲本，从杂交F1中单株选择出种质资源材料。

小乔木，树姿开展。发芽密度中，芽叶色泽黄绿色，芽叶茸毛特多，春茶一芽一叶期2月23日（2月21日至2月25日），一芽二叶期2月28日（2月25日至3月2日），一芽三叶长6.96cm，芽长2.28cm，一芽三叶百芽重76.00g。叶片上斜着生，叶长15.32cm，叶宽6.76cm，叶面积72.50cm^2，特大叶，叶长宽比2.27，叶椭圆形，叶脉14对，叶色黄绿色，叶面微隆，叶身内折，叶质中，叶齿锐度中，叶齿密度中，叶齿深度中，叶基楔形，叶尖渐尖，叶缘微波。盛花期9月中旬，萼片5枚，花萼色泽绿色，花萼有茸毛，花冠大小4.3cm×4.2cm，花瓣色泽白色，花瓣质地中，花瓣数6枚，子房有茸毛，花柱长1.2cm，柱头3裂，花柱裂位高，雌雄蕊高比低。果实形状球形，果实大小2.0cm×2.1cm，果皮厚0.2cm，种子形状球形，种径大小1.85cm×1.57cm，种皮色泽棕褐色，百粒重293.0g。春茶一芽二叶蒸青样水浸出物48.27%，咖啡碱3.64%，茶多酚18.05%，氨基酸2.22%，酚氨比值8.13。

85. 茶种质 FMY0811—14

由云南省农业科学院茶叶研究所以福鼎大白茶（♀）×蚂蚁茶（♂）为亲本，从杂交 F1 中单株选择出种质资源材料。

小乔木，树姿开展。发芽密度稀，芽叶色泽黄绿色，芽叶茸毛特多，春茶一芽一叶期 3 月 2 日（2月 28 日至 3 月 5 日），一芽二叶期 3 月 7 日（3 月 5 日至 3 月 9 日），一芽三叶长 7.68cm，芽长 3.14cm，一芽三叶百芽重 80.80g。叶片上斜着生，叶长 12.78 cm，叶宽 5.32cm，叶面积 47.60cm²，大叶，叶长宽比 2.41，叶椭圆形，叶脉 11 对，叶色黄绿色，叶面微隆，叶身内折，叶质中，叶齿锐度中，叶齿密度密，叶齿深度中，叶基楔形，叶尖渐尖，叶缘平。盛花期 9 月中旬，萼片 5 枚，花萼色泽绿色，花萼有茸毛，花冠大小 4.9cm×4.6cm，花瓣色泽白色，花瓣质地中，花瓣数 8 枚，子房有茸毛，花柱长 1.4cm，柱头 3 裂，花柱裂位中，雌雄蕊高比高。果实形状肾形，果实大小 3.0cm×2.2cm，果皮厚 0.15cm，种子形状球形，种径大小 1.59cm×1.46cm，种皮色泽棕褐色，百粒重 230.0g。春茶一芽二叶蒸青样水浸出物 51.97 %，咖啡碱 3.92 %，茶多酚 20.88 %，氨基酸 1.87 %，酚氨比值 11.17。

86. 茶种质 FMY0811—15

由云南省农业科学院茶叶研究所以福鼎大白茶（♀）×蚂蚁茶（♂）为亲本，从杂交F1中单株选择出种质资源材料。

小乔木，树姿直立。发芽密度稀，芽叶色泽黄绿色，芽叶茸毛多，春茶一芽一叶期2月28日（2月25日至3月2日），一芽二叶期3月2日（2月28日至3月5日），一芽三叶长8.10cm，芽长3.52cm，一芽三叶百芽重124.00g。叶片上斜着生，叶长17.38cm，叶宽6.68cm，叶面积81.27cm²，特大叶，叶长宽比2.61，叶长椭圆形，叶脉15对，叶色黄绿色，叶面隆起，叶身内折，叶质中，叶齿锐度中，叶齿密度稀，叶齿深度中，叶基楔形，叶尖渐尖，叶缘微波。盛花期9月中旬，萼片5枚，花萼色泽绿色，花萼有茸毛，花冠大小4.2cm×4.2cm，花瓣色泽白色，花瓣质地中，花瓣数7枚，子房有茸毛，花柱长1.2cm，柱头3裂，花柱裂位高，雌雄蕊高比等高。果实形状球形，果实大小2.3cm×2.5cm，果皮厚0.12cm，种子形状球形，种径大小1.41cm×1.48cm，种皮色泽棕褐色，百粒重182.5g。春茶一芽二叶蒸青样水浸出物50.73%，咖啡碱3.98%，茶多酚20.90%，氨基酸2.03%，酚氨比值10.30。

87. 茶种质 FMY0811—16

由云南省农业科学院茶叶研究所以福鼎大白茶（♀）×蚂蚁茶（♂）为亲本，从杂交 F1 中单株选择出种质资源材料。

小乔木，树姿直立。发芽密度稀，芽叶色泽黄绿色，芽叶茸毛多，春茶一芽一叶期 3 月 7 日（3 月 5 日至 3 月 9 日），一芽二叶期 3 月 9 日（3 月 6 日至 3 月 12 日），一芽三叶长 8.82cm，芽长 3.14cm，一芽三叶百芽重 96.80g。叶片上斜着生，叶长 16.38cm，叶宽 5.92cm，叶面积 67.88cm²，特大叶，叶长宽比 2.77，叶长椭圆形，叶脉 14 对，叶色绿色，叶面微隆，叶身内折，叶质中，叶齿锐度中，叶齿密度中，叶齿深度中，叶基楔形，叶尖渐尖，叶缘微波。盛花期 9 月中旬，萼片 5 枚，花萼色泽绿色，花萼有茸毛，花冠大小 4.7cm×4.3cm，花瓣色泽白色，花瓣质地中，花瓣数 7 枚，子房有茸毛，花柱长 1.5cm，柱头 3 裂，花柱裂位中，雌雄蕊高比等高。果实形状球形，果实大小 1.8cm×2.3cm，果皮厚 0.08cm，种子形状球形，种径大小 1.65cm×1.69cm，种皮色泽棕褐色，百粒重 250g。春茶一芽二叶蒸青样水浸出物 49.54%，咖啡碱 3.52%，茶多酚 20.79%，氨基酸 1.69%，酚氨比值 12.30。

88. 茶种质 FMY0811—17

由云南省农业科学院茶叶研究所以福鼎大白茶（♀）×蚂蚁茶（♂）为亲本，从杂交 F1 中单株选择出种质资源材料。

小乔木，树姿直立。发芽密度稀，芽叶色泽黄绿色，芽叶茸毛多，春茶一芽一叶期 2 月 18 日（2 月 16 日至 2 月 20 日），一芽二叶期 2 月 23 日（2 月 20 日至 2 月 26 日），一芽三叶长 6.68cm，芽长 2.80cm，一芽三叶百芽重 89.40g。叶片上斜着生，叶长 14.88cm，叶宽 5.74cm，叶面积 59.80cm²，大叶，叶长宽比 2.60，叶长椭圆形，叶脉 13 对，叶色绿色，叶面微隆，叶身内折，叶质中，叶齿锐度中，叶齿密度中，叶齿深度深，叶基楔形，叶尖渐尖，叶缘波。盛花期 10 月下旬，萼片 5 枚，花萼色泽绿色，花萼有茸毛，花冠大小 4.9cm×4.6cm，花瓣色泽白色，花瓣质地中，花瓣数 8 枚，子房有茸毛，花柱长 1.5cm，柱头 3 裂，花柱裂位高，雌雄蕊高比等高。果实形状球形，果实大小 2.3cm×2.4cm，果皮厚 0.15cm，种子形状球形，种径大小 1.46cm×1.45cm，种皮色泽棕褐色，百粒重 156.0g。春茶一芽二叶蒸青样水浸出物 46.50%，咖啡碱 4.00%，茶多酚 19.20%，氨基酸 2.07%，酚氨比值 9.28。

89. 茶种质 FMY0812—1

由云南省农业科学院茶叶研究所以福鼎大白茶（♀）× 蚂蚁茶（♂）为亲本，从杂交F1中单株选择出种质资源材料。

小乔木，树姿直立。发芽密度稀，芽叶色泽黄绿色，芽叶茸毛中，春茶一芽一叶期3月9日（3月5日至3月13日），一芽二叶期3月17日（3月15日至3月19日），一芽三叶长6.88cm，芽长2.54cm，一芽三叶百芽重87.00g。叶片上斜着生，叶长11.66cm，叶宽4.72cm，叶面积38.53cm^2，中叶，叶长宽比2.47，叶椭圆形，叶脉12对，叶色黄绿色，叶面微隆，叶身内折，叶质中，叶齿锐度中，叶齿密度密，叶齿深度浅，叶基楔形，叶尖渐尖，叶缘微波。盛花期9月中旬，萼片5枚，花萼色泽绿色，花萼有茸毛，花冠大小4.7cm×4.4cm，花瓣色泽白色，花瓣质地中，花瓣数7枚，子房有茸毛，花柱长1.4cm，柱头3裂，花柱裂位高，雌雄蕊高比低。果实形状肾形，果实大小2.5cm×2.9cm，果皮厚0.14cm，种子形状球形，种径大小1.68cm×1.62cm，种皮色泽棕褐色，百粒重252.0g。春茶一芽二叶蒸青样水浸出物46.78％，咖啡碱4.81％，茶多酚18.08％，氨基酸2.65％，酚氨比值6.82。

90. 茶种质 FMY0812—2

由云南省农业科学院茶叶研究所以福鼎大白茶（♀）×蚂蚁茶（♂）为亲本，从杂交F1中单株选择出种质资源材料。

小乔木，树姿直立。发芽密度中，芽叶色泽黄绿色，芽叶茸毛多，春茶一芽一叶期3月7日（3月5日至3月9日），一芽二叶期3月14日（3月10日至3月18日），一芽三叶长8.64cm，芽长3.32cm，一芽三叶百芽重106.00g。叶片上斜着生，叶长14.56cm，叶宽5.92cm，叶面积60.34cm²，特大叶，叶长宽比2.46，叶椭圆形，叶脉16对，叶色黄绿色，叶面隆起，叶身内折，叶质中，叶齿锐度中，叶齿密度密，叶齿深度中，叶基楔形，叶尖渐尖，叶缘微波。盛花期9月中旬，萼片5枚，花萼色泽绿色，花萼有茸毛，花冠大小4.4cm×4.3cm，花瓣色泽白色，花瓣质地中，花瓣数8枚，子房有茸毛，花柱长1.4cm，柱头3裂，花柱裂位高，雌雄蕊高比等高。果实形状球形，果实大小1.8cm×2.4cm，果皮厚0.10cm，种子形状球形，种径大小1.67cm×1.73cm，种皮色泽棕褐色，百粒重297.5g。春茶一芽二叶蒸青样水浸出物51.04%，咖啡碱3.64%，茶多酚19.12%，氨基酸1.42%，酚氨比值13.46。

91. 茶种质 FMY0812—3

茶叶研究所以福鼎大白茶（♀）×蚂蚁茶（♂）为亲本，从杂交 F1 中单株选择出种质资源材料。

小乔木，树姿半开展。发芽密度稀，芽叶色泽黄绿色，芽叶茸毛多，春茶一芽一叶期 3 月 2 日（2 月 28 日至 3 月 5 日），一芽二叶期 3 月 7 日（3 月 5 日至 3 月 9 日），一芽三叶长 5.66cm，芽长 2.48cm，一芽三叶百芽重 89.00g。叶片稍上斜着生，叶长 13.74cm，叶宽 4.9cm，叶面积 47.14cm²，大叶，叶长宽比 2.81，叶长椭圆形，叶脉 13 对，叶色黄绿色，叶面微隆，叶身内折，叶质中，叶齿锐度中，叶齿密度中，叶齿深度深，叶基楔形，叶尖渐尖，叶缘波。盛花期 9 月中旬，萼片 5 枚，花萼色泽绿色，花萼有茸毛，花冠大小 4.9cm×5.0cm，花瓣色泽淡绿色，花瓣质地中，花瓣数 7 枚，子房有茸毛，花柱长 1.4m，柱头 3 裂，花柱裂位中，雌雄蕊高比低。果实形状球形，果实大小 2.0cm×2.4cm，果皮厚 0.16cm，种子形状球形，种径大小 1.62cm×1.78cm，种皮色泽棕褐色，百粒重 332.0g。春茶一芽二叶蒸青样水浸出物 53.52%，咖啡碱 3.56%，茶多酚 20.44%，氨基酸 1.43%，酚氨比值 14.29。

92. 茶种质 FMY0812—4

由云南省农业科学院茶叶研究所以福鼎大白茶（♀）×蚂蚁茶（♂）为亲本，从杂交 F1 中单株选择出种质资源材料。

小乔木，树姿半开展。发芽密度中，芽叶色泽黄绿色，芽叶茸毛多，春茶一芽一叶期 2 月 23 日（2 月 21 日至 2 月 25 日），一芽二叶期 2 月 28 日（2 月 25 日至 3 月 2 日），一芽三叶长 6.04cm，芽长 2.92cm，一芽三叶百芽重 80.80g。叶片上斜着生，叶长 13.72cm，叶宽 5.46cm，叶面积 52.45cm^2，大叶，叶长宽比 2.52，叶长椭圆形，叶脉 12 对，叶色黄绿色，叶面隆起，叶身内折，叶质中，叶齿锐度中，叶齿密度密，叶齿深度中，叶基楔形，叶尖渐尖，叶缘平。盛花期 9 月中旬，萼片 5 枚，花萼色泽绿色，花萼有茸毛，花冠大小 5.0cm×5.1cm，花瓣色泽白色，花瓣质地中，花瓣数 7 枚，子房有茸毛，花柱长 1.5cm，柱头 3 裂，花柱裂位高，雌雄蕊高比等高。果实形状球形，果实大小 1.7cm×2.2cm，果皮厚 0.09cm，种子形状球形，种径大小 1.65cm×1.50cm，种皮色泽棕褐色，百粒重 192.0g。春茶一芽二叶蒸青样水浸出物 44.93 ％，咖啡碱 3.33 ％，茶多酚 16.99 ％，氨基酸 2.65 ％，酚氨比值 6.41。

93. 茶种质 FMY0812—5

科学院茶叶研究所以福鼎大白茶（♀）×蚂蚁茶（♂）为亲本，从杂交 F1 中单株选择出种质资源材料。

小乔木，树姿直立。发芽密度稀，芽叶色泽黄绿色，芽叶茸毛多，春茶一芽一叶期 2 月 23 日（2 月 21 日至 2 月 25 日），一芽二叶期 2 月 28 日（2 月 25 日至 3 月 2 日），一芽三叶长 4.76cm，芽长 2.08cm，一芽三叶百芽重 73.00g。叶片上斜着生，叶长 15.22cm，叶宽 5.40cm，叶面积 57.54cm²，大叶，叶长宽比 2.82，叶长椭圆形，叶脉 14 对，叶色黄绿色，叶面隆起，叶身内折，叶质中，叶齿锐度锐，叶齿密度密，叶齿深度中，叶基楔形，叶尖渐尖，叶缘波。盛花期 9 月中旬，萼片 5 枚，花萼色泽绿色，花萼有茸毛，花冠大小 4.5cm×4.6cm，花瓣色泽白色，花瓣质地中，花瓣数 8 枚，子房有茸毛，花柱长 1.4cm，柱头 3 裂，花柱裂位中，雌雄蕊高比等高。果实形状肾形，果实大小 3.4cm×2.6cm，果皮厚 0.15cm，种子形状球形，种径大小 1.75cm×1.83cm，种皮色泽棕褐色，百粒重 330.0g。春茶一芽二叶蒸青样水浸出物 42.07 %，咖啡碱 3.24 %，茶多酚 16.83 %，氨基酸 2.57 %，酚氨比值 6.55。

94. 茶种质 FMY0812—6

由云南省农业科学院茶叶研究所以福鼎大白茶（♀）×蚂蚁茶（♂）为亲本，从杂交 F1 中单株选择出种质资源材料。

小乔木，树姿半开展。发芽密度中，芽叶色泽黄绿色，芽叶茸毛特多，春茶一芽一叶期 2 月 18 日（2 月 16 日至 2 月 20 日），一芽二叶期 2 月 23 日（2 月 20 日至 2 月 26 日），一芽三叶长 5.72cm，芽长 2.88cm，一芽三叶百芽重 68.00g。叶片上斜着生，叶长 13.82cm，叶宽 5.28cm，叶面积 51.08cm^2，大叶，叶长宽比 2.62，叶长椭圆形，叶脉 12 对，叶色黄绿色，叶面微隆，叶身内折，叶质中，叶齿锐度中，叶齿密度密，叶齿深度深，叶基楔形，叶尖渐尖，叶缘微波。盛花期 9 月中旬，萼片 5 枚，花萼色泽绿色，花萼有茸毛，花冠大小 4.5cm×3.8cm，花瓣色泽白色，花瓣质地中，花瓣数 7 枚，子房有茸毛，花柱长 1.3cm，柱头 3 裂，花柱裂位中，雌雄蕊高比高。果实形状三角形，果实大小 2.6cm×2.7cm，果皮厚 0.14cm，种子形状球形，种径大小 1.55cm×1.66cm，种皮色泽棕褐色，百粒重 246.0g。春茶一芽二叶蒸青样水浸出物 44.99%，咖啡碱 3.05%，茶多酚 17.76%，氨基酸 3.01%，酚氨比值 5.90。

95. 茶种质 FMY0812—7

由云南省农业科学院茶叶研究所以福鼎大白茶（♀）×蚂蚁茶（♂）为亲本，从杂交 F1 中单株选择出种质资源材料。

小乔木，树姿半开展。发芽密度稀，芽叶色泽黄绿色，芽叶茸毛多，春茶一芽一叶期 2 月 23 日（2 月 21 日至 2 月 25 日），一芽二叶期 2 月 28 日（2 月 25 日至 3 月 2 日），一芽三叶长 5.06cm，芽长 2.46m，一芽三叶百芽重 72.20g。叶片上斜着生，叶长 14.52cm，叶宽 6.20cm，叶面积 63.02cm^2，特大叶，叶长宽比 2.35，叶椭圆形，叶脉 13 对，叶色黄绿色，叶面隆起，叶身内折，叶质中，叶齿锐度锐，叶齿密度中，叶齿深度中，叶基楔形，叶尖渐尖，叶缘平。盛花期 9 月中旬，萼片 5 枚，花萼色泽绿色，花萼有茸毛，花冠大小 5.0cm×4.6cm，花瓣色泽白色，花瓣质地中，花瓣数 7 枚，子房有茸毛，花柱长 1.4cm，柱头 3 裂，花柱裂位高，雌雄蕊高比低。果实形状肾形，果实大小 3.2cm×2.3cm，果皮厚 0.15cm，种子形状球形，种径大小 1.75cm×1.66cm，种皮色泽棕褐色，百粒重 292.0g。春茶一芽二叶蒸青样水浸出物 45.45％，咖啡碱 4.49％，茶多酚 17.37％，氨基酸 2.11％，酚氨比值 8.23。

96. 茶种质 FMY0812—8

由云南省农业科学院茶叶研究所以福鼎大白茶（♀）×蚂蚁茶（♂）为亲本，从杂交 F1 中单株选择出种质资源材料。

小乔木，树姿半开展。发芽密度中，芽叶色泽黄绿色，芽叶茸毛多，春茶一芽一叶期 2 月 23 日（2 月 21 日至 2 月 25 日），一芽二叶期 2 月 28 日（2 月 25 日至 3 月 2 日），一芽三叶长 5.60cm，芽长 2.60cm，一芽三叶百芽重 78.20g。叶片上斜着生，叶长 13.90cm，叶宽 5.18cm，叶面积 50.41cm²，大叶，叶长宽比 2.69，叶长椭圆形，叶脉 13 对，叶色黄绿色，叶面微隆，叶身内折，叶质中，叶齿锐度中，叶齿密度密，叶齿深度中，叶基楔形，叶尖渐尖，叶缘波。盛花期 10 月下旬，萼片 5 枚，花萼色泽绿色，花萼有茸毛，花冠大小 5.3cm×4.7cm，花瓣色泽白色，花瓣质地中，花瓣数 7 枚，子房有茸毛，花柱长 1.5cm，柱头 3 裂，花柱裂位高，雌雄蕊高比等高。果实形状三角形，果实大小 2.7cm×2.40cm，果皮厚 0.11cm，种子形状球形，种径大小 1.82cm×1.70cm，种皮色泽棕褐色，百粒重 280g。春茶一芽二叶蒸青样水浸出物 44.94%，咖啡碱 3.77%，茶多酚 18.68%，氨基酸 1.92%，酚氨比值 9.73。

97. 茶种质 FMY0812—10

由云南省农业科学院茶叶研究所以福鼎大白茶（♀）×蚂蚁茶（♂）为亲本，从杂交 F1 中单株选择出种质资源材料。

小乔木，树姿半开展。发芽密度中，芽叶色泽黄绿色，芽叶茸毛多，春茶一芽一叶期 2 月 23 日（2 月 21 日至 2 月 25 日），一芽二叶期 2 月 28 日（2 月 25 日至 3 月 2 日），一芽三叶长 6.06cm，芽长 2.56cm，一芽三叶百芽重 106.00g。叶片上斜着生，叶长 14.92cm，叶宽 5.54cm，叶面积 57.87cm²，大叶，叶长宽比 2.70，叶长椭圆形，叶脉 12 对，叶色黄绿色，叶面隆起，叶身内折，叶质中，叶齿锐度中，叶齿密度中，叶齿深度中，叶基楔形，叶尖渐尖，叶缘微波。盛花期 9 月中旬，萼片 5 枚，花萼色泽绿色，花萼有茸毛，花冠大小 4.5cm×4.3cm，花瓣色泽白色，花瓣质地中，花瓣数 7 枚，子房有茸毛，花柱长 1.2cm，柱头 3 裂，花柱裂位中，雌雄蕊高比等高。果实形状肾形，果实大小 3.0cm×2.1cm，果皮厚 0.08cm，种子形状球形，种径大小 1.44cm×1.58cm，种皮色泽棕褐色，百粒重 226.0g。春茶一芽二叶蒸青样水浸出物 43.49％，咖啡碱 3.19％，茶多酚 17.59％，氨基酸 2.82％，酚氨比值 6.24。

98. 茶种质 FWQ0812—12

由云南省农业科学院茶叶研究所以福鼎大白茶（♀）×温泉源头茶（♂）为亲本，从杂交 F1 中单株选择出种质资源材料。

小乔木，树姿开展。发芽密度中，芽叶色泽黄绿色，芽叶茸毛中，春茶一芽一叶期 2 月 18 日（2 月 16 日至 2 月 20 日），一芽二叶期 2 月 23 日（2 月 20 日至 2 月 26 日），一芽三叶长 5.38cm，芽长 2.10cm，一芽三叶百芽重 60.60g。叶片上斜着生，叶长 13.16cm，叶宽 4.94cm，叶面积 45.51cm²，大叶，叶长宽比 2.67，叶长椭圆形，叶脉 12 对，叶色黄绿色，叶面微隆，叶身内折，叶质中，叶齿锐度中，叶齿密度密，叶齿深度中，叶基楔形，叶尖渐尖，叶缘波。盛花期 9 月中旬，萼片 5 枚，花萼色泽绿色，花萼有茸毛，花冠大小 4.4cm×3.9cm，花瓣色泽白色，花瓣质地中，花瓣数 6 枚，子房有茸毛，花柱长 1.4cm，柱头 3 裂，花柱裂位低，雌雄蕊高比等高。果实形状球形，果实大小 2.1cm×2.7cm，果皮厚 0.09cm，种子形状球形，种径大小 1.81cm×1.82cm，种皮色泽棕褐色，百粒重 346.0g。春茶一芽二叶蒸青样水浸出物 46.29%，咖啡碱 3.52%，茶多酚 17.12%，氨基酸 2.82%，酚氨比值 6.07。

99. 茶种质 FWQ0812—13

由云南省农业科学院茶叶研究所以福鼎大白茶（♀）×温泉源头茶（♂）为亲本，从杂交F1中单株选择出种质资源材料。

小乔木，树姿开展。发芽密度中，芽叶色泽黄绿色，芽叶茸毛多，春茶一芽一叶期2月28日（2月25日至3月2日），一芽二叶期3月2日（2月28日至3月5日），一芽三叶长5.48cm，芽长2.44cm，一芽三叶百芽重57.20g。叶片上斜着生，叶长11.04cm，叶宽4.36cm，叶面积33.70cm²，中叶，叶长宽比2.54，叶长椭圆形，叶脉10对，叶色黄绿色，叶面微隆，叶身内折，叶质中，叶齿锐度锐，叶齿密度密，叶齿深度浅，叶基楔形，叶尖渐尖，叶缘平。盛花期9月中旬，萼片5枚，花萼色泽绿色，花萼有茸毛，花冠大小4.7cm×4.1cm，花瓣色泽白色，花瓣质地中，花瓣数6枚，子房有茸毛，花柱长1.4cm，柱头3裂，花柱裂位高，雌雄蕊高比等高。果实形状肾形，果实大小1.7cm×2.3cm，果皮厚0.10cm，种子形状球形，种径大小1.66cm×1.53cm，种皮色泽棕褐色，百粒重177g。春茶一芽二叶蒸青样水浸出物52.29%，咖啡碱3.19%，茶多酚23.15%，氨基酸1.31%，酚氨比值17.67。

100. 茶种质 FWQ0812—14

　　由云南省农业科学院茶叶研究所以福鼎大白茶（♀）× 温泉源头茶（♂）为亲本，从杂交 F1 中单株选择出种质资源材料。

　　小乔木，树姿开展。发芽密度稀，芽叶色泽黄绿色，芽叶茸毛多，春茶一芽一叶期 2 月 23 日（2 月 21 日至 2 月 25 日），一芽二叶期 2 月 28 日（2 月 25 日至 3 月 2 日），一芽三叶长 4.98cm，芽长 2.34cm，一芽三叶百芽重 46.20g。叶片上斜着生，叶长 10.44cm，叶宽 4.40cm，叶面积 32.16cm²，中叶，叶长宽比 2.38，叶椭圆形，叶脉 10 对，叶色黄绿色，叶面微隆，叶身内折，叶质中，叶齿锐度中，叶齿密度中，叶齿深度中，叶基楔形，叶尖渐尖，叶缘平。盛花期 11 月上旬，萼片 5 枚，花萼色泽绿色，花萼有茸毛，花冠大小 4.3cm×4.0cm，花瓣

色泽白色，花瓣质地中，花瓣数 8 枚，子房有茸毛，花柱长 1.4cm，柱头 3 裂，花柱裂位高，雌雄蕊高比等高。果实形状肾形，果实大小 3.0cm×1.9cm，果皮厚 0.1cm，种子形状球形，种径大小 1.7cm×1.7cm，种皮色泽棕褐色，百粒重 80g。春茶一芽二叶蒸青样水浸出物 44.92 %，咖啡碱 3.46 %，茶多酚 18.42 %，氨基酸 2.18 %，酚氨比值 8.45。

101. 茶种质 FWQ0812—15

由云南省农业科学院茶叶研究所以福鼎大白茶（♀）× 温泉源头茶（♂）为亲本，从杂交 F1 中单株选择出种质资源材料。

小乔木，树姿半开展。发芽密度稀，芽叶色泽黄绿色，芽叶茸毛多，春茶一芽一叶期 2 月 28 日（2 月 25 日至 3 月 2 日），一芽二叶期 3 月 2 日（2 月 28 日至 3 月 5 日），一芽三叶长 10.48cm，芽长 3.64cm，一芽三叶百芽重 116.60g。叶片上斜着生，叶长 16.32cm，叶宽 5.88cm，叶面积 67.18cm^2，特大叶，叶长宽比 2.78，叶长椭圆形，叶脉 13 对，叶色黄绿色，叶面隆起，叶身内折，叶质中，叶齿锐度中，叶齿密度中，叶齿深度中，叶基楔形，叶尖渐尖，叶缘微波。盛花期 10 月下旬，萼片 5 枚，花萼色泽绿色，花萼有茸毛，花冠大小 4.2cm×4.0cm，花瓣色泽白色，花瓣质地中，花瓣数 7 枚，子房有茸毛，花柱长 1.7cm，柱头 3 裂，花柱裂位高，雌雄蕊高比高。果实形状球形，果实大小 2.1cm×2.6cm，果皮厚 0.12cm，种子形状球形，种径大小 1.77cm×1.79cm，种皮色泽棕褐色，百粒重 342.0g。春茶一芽二叶蒸青样水浸出物 45.69%，咖啡碱 3.68%，茶多酚 17.44%，氨基酸 3.03%，酚氨比值 5.76。

102. 茶种质 FWQ0812—16

由云南省农业科学院茶叶研究所以福鼎大白茶（♀）× 温泉源头茶（♂）为亲本，从杂交 F1 中单株选择出种质资源材料。

小乔木，树姿半开展。发芽密度稀，芽叶色泽黄绿色，芽叶茸毛中，春茶一芽一叶期 2 月 28 日（2 月 25 日至 3 月 2 日），一芽二叶期 3 月 9 日（3 月 5 日至 3 月 13 日），一芽三叶长 8.78cm，芽长 3.22cm，一芽三叶百芽重 122.00g。叶片稍上斜着生，叶长 13.66cm，叶宽 5.82cm，叶面积 55.66cm²，大叶，叶长宽比 2.35，叶椭圆形，叶脉 11 对，叶色绿色，叶面隆起，叶身内折，叶质中，叶齿锐度中，叶齿密度中，叶齿深度浅，叶基楔形，叶尖渐尖，叶缘微波。盛花期 11 月中旬，萼片 5 枚，花萼色泽绿色，花萼有茸毛，花冠大小 4.1cm×3.7cm，花瓣色泽白色，花瓣质地中，花瓣数 6 枚，子房有茸毛，花柱长 1.6cm，柱头 3 裂，花柱裂位高，雌雄蕊高比高。果实形状球形，果实大小 1.9cm×1.6cm，果皮厚 0.11cm，种子形状球形，种径大小 1.50cm×1.44cm，种皮色泽棕褐色，百粒重 155g。春茶一芽二叶蒸青样水浸出物 44.94%，咖啡碱 3.07%，茶多酚 19.95%，氨基酸 2.76%，酚氨比值 7.23。

103. 茶种质 FWQ0813—1

由云南省农业科学院茶叶研究所以福鼎大白茶（♀）× 温泉源头茶（♂）为亲本，从杂交 F1 中单株选择出种质资源材料。

小乔木，树姿半开展。发芽密度稀，芽叶色泽黄绿色，芽叶茸毛多，春茶一芽一叶期 2 月 23 日（2 月 21 日至 2 月 25 日），一芽二叶期 2 月 28 日（2 月 25 日至 3 月 2 日），一芽三叶长 6.22cm，芽长 2.58cm，一芽三叶百芽重 61.60g。叶片上斜着生，叶长 12.32cm，叶宽 4.36cm，叶面积 37.61cm²，中叶，叶长宽比 2.83，叶长椭圆形，叶脉 12 对，叶色黄绿色，叶面微隆，叶身内折，叶质中，叶齿锐度中，叶齿密度密，叶齿深度浅，叶基楔形，叶尖渐尖，叶缘微波。盛花期 9 月中旬，萼片 5 枚，花萼色泽绿色，花萼有茸毛，花冠大小 3.9cm×4.1cm，花瓣色泽白色，花瓣质地中，花瓣数 7 枚，子房有茸毛，花柱长 1.3cm，柱头 3 裂，花柱裂位高，雌雄蕊高比等高。果实形状肾形，果实大小 2.3cm×2.3cm，果皮厚 0.13cm，种子形状球形，种径大小 1.67cm×1.71cm，种皮色泽棕褐色，百粒重 278.0g。春茶一芽二叶蒸青样水浸出物 47.28 %，咖啡碱 3.36 %，茶多酚 18.05 %，氨基酸 1.84 %，酚氨比值 9.81。

104. 茶种质 FWQ0813—2

由云南省农业科学院茶叶研究所以福鼎大白茶（♀）×温泉源头茶（♂）为亲本，从杂交F1中单株选择出种质资源材料。

小乔木，树姿半开展。发芽密度中，芽叶色泽黄绿色，芽叶茸毛多，春茶一芽一叶期2月23日（2月21日至2月25日），一芽二叶期2月28日（2月25日至3月2日），一芽三叶长6.66cm，芽长2.56cm，一芽三叶百芽重66.00g。叶片上斜着生，叶长12.20cm，叶宽4.96cm，叶面积42.37cm²，大叶，叶长宽比2.46，叶椭圆形，叶脉12对，叶色黄绿色，叶面微隆，叶身内折，叶质中，叶齿锐度中，叶齿密度中，叶齿深度深，叶基楔形，叶尖渐尖，叶缘微波。盛花期11月上旬，萼片5枚，花萼色泽绿色，花萼有茸毛，花冠大小4.4cm×4.0cm，花瓣色泽白色，花瓣质地中，花瓣数6枚，子房有茸毛，花柱长1.8cm，柱头3裂，花柱裂位高，雌雄蕊高比高。果实形状肾形，果实大小2.2cm×2.0cm，果皮厚0.14cm，种子形状球形，种径大小1.53cm×1.70cm，种皮色泽棕褐色，百粒重234.0g。春茶一芽二叶蒸青样水浸出物47.67%，咖啡碱3.53%，茶多酚20.37%，氨基酸2.09%，酚氨比值9.75。

105. 茶种质 FWQ0813—4

由云南省农业科学院茶叶研究所以福鼎大白茶（♀）×温泉源头茶（♂）为亲本，从杂交 F1 中单株选择出种质资源材料。

小乔木，树姿半开展。发芽密度中，芽叶色泽黄绿色，芽叶茸毛多，春茶一芽一叶期 2 月 23 日（2 月 21 日至 2 月 25 日），一芽二叶期 2 月 28 日（2 月 25 日至 3 月 2 日），一芽三叶长 6.68cm，芽长 2.54cm，一芽三叶百芽重 71.40g。叶片上斜着生，叶长 10.70cm，叶宽 4.36cm，叶面积 32.67cm^2，中叶，叶长宽比 2.46，叶椭圆形，叶脉 11 对，叶色黄绿色，叶面隆起，叶身内折，叶质中，叶齿锐度中，叶齿密度密，叶齿深度浅，叶基楔形，叶尖渐尖，叶缘平。盛花期 9 月中旬，萼片 5 枚，花萼色泽绿色，花萼有茸毛，花冠大小 4.1cm×3.9cm，花瓣色泽白色，花瓣质地中，花瓣数 6 枚，子房有茸毛，花柱长 1.5cm，柱头 3 裂，花柱裂位高，雌雄蕊高比等高。果实形状肾形，果实大小 3.2cm×2.4cm，果皮厚 0.1cm，种子形状球形，种径大小 1.79cm×1.75cm，种皮色泽棕褐色，百粒重 354.0g。春茶一芽二叶蒸青样水浸出物 46.32%，咖啡碱 3.52%，茶多酚 17.23%，氨基酸 2.38%，酚氨比值 7.24。

106. 茶种质 FWQ0813—5

由云南省农业科学院茶叶研究所以福鼎大白茶（♀）×温泉源头茶（♂）为亲本，从杂交F1中单株选择出种质资源材料。

小乔木，树姿半开展。发芽密度中，芽叶色泽黄绿色，芽叶茸毛多，春茶一芽一叶期2月23日（2月21日至2月25日），一芽二叶期2月28日（2月25日至3月2日），一芽三叶长5.88cm，芽长2.50cm，一芽三叶百芽重65.00g。叶片上斜着生，叶长10.68cm，叶宽4.28cm，叶面积32.00cm²，中叶，叶长宽比2.50，叶椭圆形，叶脉10对，叶色黄绿色，叶面微隆，叶身内折，叶质中，叶齿锐度锐，叶齿密度密，叶齿深度中，叶基楔形，叶尖渐尖，叶缘平。盛花期9月中旬，萼片5枚，花萼色泽绿色，花萼有茸毛，花冠大小4.1cm×3.8cm，花瓣色泽白色，花瓣质地中，花瓣数6枚，子房有茸毛，花柱长1.5cm，柱头3裂，花柱裂位高，雌雄蕊高比高。果实形状球形，果实大小2.2cm×2.4cm，果皮厚0.1cm，种子形状球形，种径大小1.82cm×1.88cm，种皮色泽棕褐色，百粒重340g。春茶一芽二叶蒸青样水浸出物50.65％，咖啡碱3.42％，茶多酚20.50％，氨基酸1.74％，酚氨比值11.78。

107. 茶种质 FWQ0813—6

由云南省农业科学院茶叶研究所以福鼎大白茶（♀）×温泉源头茶（♂）为亲本，从杂交 F1 中单株选择出种质资源材料。

小乔木，树姿直立。发芽密度稀，芽叶色泽黄绿色，芽叶茸毛多，春茶一芽一叶期 2 月 18 日（2 月 16 日至 2 月 20 日），一芽二叶期 2 月 23 日（2 月 20 日至 2 月 26 日），一芽三叶长 5.00cm，芽长 1.92cm，一芽三叶百芽重 54.20g。叶片上斜着生，叶长 12.36cm，叶宽 4.84cm，叶面积 41.89cm²，大叶，叶长宽比 2.56，叶长椭圆形，叶脉 13 对，叶色黄绿色，叶面隆起，叶身内折，叶质中，叶齿锐度中，叶齿密度密，叶齿深度中，叶基楔形，叶尖渐尖，叶缘微波。盛花期 9 月中旬，萼片 5 枚，花萼色泽绿色，花萼有茸毛，花冠大小 5.2cm×4.7cm，花瓣色泽白色，花瓣质地中，花瓣数 6 枚，子房有茸毛，花柱长 1.7cm，柱头 3 裂，花柱裂位高，雌雄蕊高比低。果实形状肾形，果实大小 2.5cm×2.3cm，果皮厚 0.11cm，种子形状球形，种径大小 1.60cm×1.66cm，种皮色泽棕褐色，百粒重 254.0g。春茶一芽二叶蒸青样水浸出物 46.64％，咖啡碱 3.05％，茶多酚 21.35％，氨基酸 2.90％，酚氨比值 7.36。

108. 茶种质 FWQ0813—7

由云南省农业科学院茶叶研究所以福鼎大白茶（♀）×温泉源头茶（♂）为亲本，从杂交 F1 中单株选择出种质资源材料。

小乔木，树姿半开展。发芽密度密，芽叶色泽黄绿色，芽叶茸毛多，春茶一芽一叶期 2 月 18 日（2 月 16 日至 2 月 20 日），一芽二叶期 2 月 23 日（2 月 20 日至 2 月 26 日），一芽三叶长 6.20cm，芽长 2.54cm，一芽三叶百芽重 69.40g。叶片上斜着生，叶长 13.16cm，叶宽 4.76cm，叶面积 43.86cm²，大叶，叶长宽比 2.77，叶长椭圆形，叶脉 12 对，叶色黄绿色，叶面微隆，叶身内折，叶质中，叶齿锐度锐，叶齿密度密，叶齿深度中，叶基楔形，叶尖渐尖，叶缘平。盛花期 9 月下旬，萼片 5 枚，花萼色泽绿色，花萼有茸毛，花冠大小 4.1cm×4.0cm，花瓣色泽白色，花瓣质地中，花瓣数 6 枚，子房有茸毛，花柱长 1.5cm，柱头 3 裂，花柱裂位中，雌雄蕊高比高。果实形状肾形，果实大小 3.1cm×2.2cm，果皮厚 0.11cm，种子形状球形，种径大小 1.79cm×1.80cm，种皮色泽棕褐色，百粒重 332.0g。春茶一芽二叶蒸青样水浸出物 46.94%，咖啡碱 3.14%，茶多酚 19.03%，氨基酸 1.38%，酚氨比值 13.79。

109. 茶种质 FWQ0813—8

由云南省农业科学院茶叶研究所以福鼎大白茶（♀）×温泉源头茶（♂）为亲本，从杂交 F1 中单株选择出种质资源材料。

小乔木，树姿开展。发芽密度中，芽叶色泽黄绿色，芽叶茸毛多，春茶一芽一叶期 2 月 18 日（2 月 16 日至 2 月 20 日），一芽二叶期 2 月 23 日（2 月 20 日至 2 月 26 日），一芽三叶长 7.44cm，芽长 2.92cm，一芽三叶百芽重 92.00g。叶片上斜着生，叶长 12.92cm，叶宽 4.98cm，叶面积 45.05cm²，大叶，叶长宽比 2.60，叶长椭圆形，叶脉 10 对，叶色黄绿色，叶面微隆，叶身内折，叶质中，叶齿锐度中，叶齿密度密，叶齿深度中，叶基楔形，叶尖渐尖，叶缘平。盛花期 9 月下旬，萼片 5 枚，花萼色泽绿色，花萼有茸毛，花冠大小 4.3cm×4.2cm，花瓣色泽白色，花瓣质地中，花瓣数 6 枚，子房有茸毛，花柱长 1.4cm，柱头 3 裂，花柱裂位高，雌雄蕊高比等高。果实形状球形，果实大小 1.8cm×2.2cm，果皮厚 0.09cm，种子形状球形，种径大小 1.56cm×1.52cm，种皮色泽棕褐色，百粒重 214.0g。春茶一芽二叶蒸青样水浸出物 47.22 %，咖啡碱 3.56 %，茶多酚 17.06 %，氨基酸 2.75 %，酚氨比值 6.20。

110. 茶种质 FWQ0813—11

由云南省农业科学院茶叶研究所以福鼎大白茶（♀）×温泉源头茶（♂）为亲本，从杂交 F1 中单株选择出种质资源材料。

乔木，树姿直立。发芽密度密，芽叶色泽黄绿色，芽叶茸毛多，春茶一芽一叶期 2 月 28 日（2 月 25 日至 3 月 2 日），一芽二叶期 3 月 2 日（2 月 28 日至 3 月 5 日），一芽三叶长 6.80cm，芽长 3.18cm，一芽三叶百芽重 64.40g。叶片上斜着生，叶长 13.54cm，叶宽 5.36cm，叶面积 50.81cm²，大叶，叶长宽比 2.53，叶长椭圆形，叶脉 11 对，叶色黄绿色，叶面微隆，叶身内折，叶质中，叶齿锐度锐，叶齿密度中，叶齿深度中，叶基楔形，叶尖渐尖，叶缘微波。盛花期 9 月下旬，萼片 5 枚，花萼色泽绿色，花萼有茸毛，花冠大小 4.6cm×4.2cm，花瓣色泽白色，花瓣质地中，花瓣数 6 枚，子房有茸毛，花柱长 1.7cm，柱头 3 裂，花柱裂位高，雌雄蕊高比高。果实形状球形，果实大小 2.1cm×2.3cm，果皮厚 0.12cm，种子形状球形，种径大小 1.83cm×1.89cm，种皮色泽棕褐色，百粒重 404.0g。春茶一芽二叶蒸青样水浸出物 47.00％，咖啡碱 3.84％，茶多酚 18.77％，氨基酸 2.69％，酚氨比值 6.98。

111. 茶种质 FWQ0813—12

由云南省农业科学院茶叶研究所以福鼎大白茶（♀）×温泉源头茶（♂）为亲本，从杂交 F1 中单株选择出种质资源材料。

小乔木，树姿半开展。发芽密度中，芽叶色泽黄绿色，芽叶茸毛多，春茶一芽一叶期 3 月 2 日（2 月 28 日至 3 月 5 日），一芽二叶期 3 月 7 日（3 月 5 日至 3 月 9 日），一芽三叶长 6.78cm，芽长 2.90cm，一芽三叶百芽重 84.20g。叶片上斜着生，叶长 12.84cm，叶宽 4.76cm，叶面积 42.79cm²，大叶，叶长宽比 2.70，叶长椭圆形，叶脉 13 对，叶色黄绿色，叶面微隆，叶身内折，叶质中，叶齿锐度中，叶齿密度密，叶齿深度中，叶基楔形，叶尖渐尖，叶缘平。盛花期 9 月下旬，萼片 5 枚，花萼色泽绿色，花萼有茸毛，花冠大小 4.5cm×4.2cm，花瓣色泽白色，花瓣质地中，花瓣数 6 枚，子房有茸毛，花柱长 1.6cm，柱头 3 裂，花柱裂位高，雌雄蕊高比高。果实形状肾形，果实大小 3.1cm×2.0cm，果皮厚 0.1cm，种子形状球形，种径大小 1.71cm×1.66cm，种皮色泽棕褐色，百粒重 292.0g。春茶一芽二叶蒸青样水浸出物 50.58%，咖啡碱 3.69%，茶多酚 19.81%，氨基酸 1.67%，酚氨比值 11.86。

112. 茶种质 FWQ0813—13

由云南省农业科学院茶叶研究所以福鼎大白茶（♀）×温泉源头茶（♂）为亲本，从杂交 F1 中单株选择出种质资源材料。

小乔木，树姿直立。发芽密度稀，芽叶色泽黄绿色，芽叶茸毛多，春茶一芽一叶期 2 月 28 日（2 月 25 日至 3 月 2 日），一芽二叶期 3 月 2 日（2 月 28 日至 3 月 5 日），一芽三叶长 7.46cm，芽长 3.08cm，一芽三叶百芽重 85.60g。叶片上斜着生，叶长 13.00cm，叶宽 4.92cm，叶面积 44.78cm^2，大叶，叶长宽比 2.65，叶长椭圆形，叶脉 11 对，叶色黄绿色，叶面微隆，叶身内折，叶质中，叶齿锐度锐，叶齿密度密，叶齿深度中，叶基楔形，叶尖渐尖，叶缘微波。盛花期 11 月上旬，萼片 5 枚，花萼色泽绿色，花萼有茸毛，花冠大小 3.5cm×3.4cm，花瓣色泽白色，花瓣质地中，花瓣数 6 枚，子房有茸毛，花柱长 1.2cm，柱头 3 裂，花柱裂位高，雌雄蕊高比等高。果实形状球形，果实大小 1.9cm×2.2cm，果皮厚 0.12cm，种子形状锥形，种径大小 1.92cm×1.82cm，种皮色泽棕褐色，百粒重 386.0g。春茶一芽二叶蒸青样水浸出物 47.65%，咖啡碱 3.88%，茶多酚 20.08%，氨基酸 2.57%，酚氨比值 7.81。

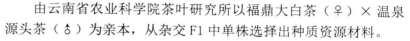

113. 茶种质 FWQ0813—14

由云南省农业科学院茶叶研究所以福鼎大白茶（♀）×温泉源头茶（♂）为亲本，从杂交F1中单株选择出种质资源材料。

小乔木，树姿半开展。发芽密度中，芽叶色泽黄绿色，芽叶茸毛多，春茶一芽一叶期2月23日（2月21日至2月25日），一芽二叶期2月28日（2月25日至3月2日），一芽三叶长5.84cm，芽长2.60cm，一芽三叶百芽重57.60g。叶片上斜着生，叶长12.64cm，叶宽5.18cm，叶面积45.84cm²，大叶，叶长宽比2.44，叶椭圆形，叶脉13对，叶色黄绿色，叶面隆起，叶身内折，叶质中，叶齿锐度中，叶齿密度中，叶齿深度中，叶基楔形，叶尖渐尖，叶缘平。盛花期9月中旬，萼片5枚，花萼色泽绿色，花萼有茸毛，花冠大小4.7cm×4.5cm，花瓣色泽白色，花瓣质地中，花瓣数7枚，子房有茸毛，花柱长1.6cm，柱头3裂，花柱裂位高，雌雄蕊高比等高。果实形状球形，果实大小2.0cm×2.3cm，果皮厚0.10cm，种子形状球形，种径大小1.62cm×1.60cm，种皮色泽棕褐色，百粒重217g。春茶一芽二叶蒸青样水浸出物45.59％，咖啡碱3.43％，茶多酚16.97％，氨基酸1.91％，酚氨比值8.88。

114. 茶种质 FWQ0813—15

由云南省农业科学院茶叶研究所以福鼎大白茶（♀）×温泉源头茶（♂）为亲本，从杂交F1中单株选择出种质资源材料。

小乔木，树姿直立。发芽密度稀，芽叶色泽黄绿色，芽叶茸毛多，春茶一芽一叶期2月23日（2月21日至2月25日），一芽二叶期2月28日（2月25日至3月2日），一芽三叶长6.94cm，芽长2.66cm，一芽三叶百芽重86.00g。叶片上斜着生，叶长14.34cm，叶宽6.34cm，叶面积63.65cm^2，特大叶，叶长宽比2.27，叶椭圆形，叶脉13对，叶色黄绿色，叶面隆起，叶身内折，叶质中，叶齿锐度锐，叶齿密度密，叶齿深度中，叶基楔形，叶尖渐尖，叶缘平。盛花期11月中旬，萼片5枚，花萼色泽绿色，花萼有茸毛，花冠大小4.7cm×4.4cm，花瓣色泽白色，花瓣质地中，花瓣数6枚，子房有茸毛，花柱长1.6cm，柱头3裂，花柱裂位高，雌雄蕊高比等高。果实形状球形，果实大小1.6cm×2.2cm，果皮厚0.13cm，种子形状球形，种径大小1.61cm×1.69cm，种皮色泽棕褐色，百粒重336.0g。春茶一芽二叶蒸青样水浸出物49.60％，咖啡碱3.08％，茶多酚21.90％，氨基酸1.41％，酚氨比值15.53。

115. 茶种质 FWQ0813—16

由云南省农业科学院茶叶研究所以福鼎大白茶（♀）× 温泉源头茶（♂）为亲本，从杂交 F1 中单株选择出种质资源材料。

小乔木，树姿直立。发芽密度稀，芽叶色泽黄绿色，芽叶茸毛多，春茶一芽一叶期 2 月 28 日（2 月 25 日至 3 月 2 日），一芽二叶期 3 月 2 日（2 月 28 日至 3 月 5 日），一芽三叶长 7.80cm，芽长 3.24cm，一芽三叶百芽重 77.80g。叶片稍上斜着生，叶长 13.84cm，叶宽 5.64cm，叶面积 54.65cm^2，大叶，叶长宽比 2.46，叶椭圆形，叶脉 12 对，叶色黄绿色，叶面隆起，叶身内折，叶质中，叶齿锐度中，叶齿密度中，叶齿深度中，叶基楔形，叶尖渐尖，叶缘波。盛花期 9 月中旬，萼片 5 枚，花萼色泽绿色，花萼有茸毛，花冠大小 3.8cm×3.7cm，花瓣色泽白色，花瓣质地中，花瓣数 7 枚，子房有茸毛，花柱长 1.4cm，柱头 3 裂，花柱裂位高，雌雄蕊高比等高。果实形状球形，果实大小 2.4cm×2.5cm，果皮厚 0.1cm，种子形状球形，种径大小 1.76cm×1.9cm，种皮色泽棕褐色，百粒重 380g。春茶一芽二叶蒸青样水浸出物 49.27 %，咖啡碱 3.09 %，茶多酚 21.36 %，氨基酸 1.88 %，酚氨比值 11.36。

116. 茶种质 FTT0814—3

由云南省农业科学院茶叶研究所以福鼎大白茶（♀）× 团田大叶茶（♂）为亲本，从杂交 F1 中单株选择出种质资源材料。

小乔木，树姿直立。发芽密度稀，芽叶色泽黄绿色，芽叶茸毛中，春茶一芽一叶期 2 月 18 日（2 月 16 日至 2 月 20 日），一芽二叶期 2 月 23 日（2 月 20 日至 2 月 26 日），一芽三叶长 5.74cm，芽长 2.64cm，一芽三叶百芽重 70.80g。叶片上斜着生，叶长 11.64cm，叶宽 4.76cm，叶面积 38.79cm²，中叶，叶长宽比 2.45，叶椭圆形，叶脉 12 对，叶色黄绿色，叶面微隆，叶身内折，叶质中，叶齿锐度中，叶齿密度密，叶齿深度浅，叶基楔形，叶尖渐尖，叶缘微波。盛花期 9 月中旬，萼片 5 枚，花萼色泽绿色，花萼有茸毛，花冠大小 3.6cm×3.5cm，花瓣色泽白色，花瓣质地中，花瓣数 7 枚，子房有茸毛，花柱长 1.5cm，柱头 3 裂，花柱裂位高，雌雄蕊高比等高。果实形状三角形，果实大小 3.2cm×2.6cm，果皮厚 0.11cm，种子形状球形，种径大小 1.63cm×1.70cm，种皮色泽棕褐色，百粒重 254.0g。春茶一芽二叶蒸青样水浸出物 50.41 %，咖啡碱 3.07 %，茶多酚 19.95 %，氨基酸 1.90 %，酚氨比值 10.50。

117. 茶种质 FTT0814—4

由云南省农业科学院茶叶研究所以福鼎大白茶（♀）×团田大叶茶（♂）为亲本，从杂交 F1 中单株选择出种质资源材料。

小乔木，树姿直立。发芽密度密，芽叶色泽黄绿色，芽叶茸毛多，春茶一芽一叶期 2 月 28 日（2 月 25 日至 3 月 2 日），一芽二叶期 3 月 2 日（2 月 28 日至 3 月 5 日），一芽三叶长 5.72cm，芽长 2.40cm，一芽三叶百芽重 61.60g。叶片上斜着生，叶长 9.88 cm，叶宽 3.88cm，叶面积 26.84cm²，中叶，叶长宽比 2.55，叶长椭圆形，叶脉 11 对，叶色黄绿色，叶面隆起，叶身内折，叶质中，叶齿锐度中，叶齿密度密，叶齿深度中，叶基楔形，叶尖渐尖，叶缘平。盛花期 9 月下旬，萼片 5 枚，花萼色泽绿色，花萼有茸毛，花冠大小 4.4cm×3.8cm，花瓣色泽白色，花瓣质地中，花瓣数 7 枚，子房有茸毛，花柱长 1.2cm，柱头 3 裂，花柱裂位高，雌雄蕊高比等高。果实形状肾形，果实大小 3.7cm×2.3cm，果皮厚 0.12cm，种子形状球形，种径大小 1.84cm×1.76cm，种皮色泽棕褐色，百粒重 320.0g。春茶一芽二叶蒸青样水浸出物 53.53％，咖啡碱 4.08％，茶多酚 23.65％，氨基酸 2.14％，酚氨比值 11.05。

118. 茶种质 FTT0814—7

　　由云南省农业科学院茶叶研究所以福鼎大白茶（♀）×团田大叶茶（♂）为亲本，从杂交 F1 中单株选择出种质资源材料。

　　小乔木，树姿直立。发芽密度中，芽叶色泽黄绿色，芽叶茸毛中，春茶一芽一叶期 2 月 11 日（2 月 8 日至 2 月 14 日），一芽二叶期 2 月 15 日（2 月 12 日至 2 月 18 日），一芽三叶长 4.42cm，芽长 2.62cm，一芽三叶百芽重 46.00g。叶片上斜着生，叶长 9.48cm，叶宽 4.10cm，叶面积 27.21cm²，中叶，叶长宽比 2.32，叶椭圆形，叶脉 8 对，叶色黄绿色，叶面微隆，叶身内折，叶质中，叶齿锐度锐，叶齿密度密，叶齿深度中，叶基楔形，叶尖渐尖，叶缘平。盛花期 9 月中旬，萼片 5 枚，花萼色泽绿色，花萼有茸毛，花冠大小 4.2cm×4.3cm，花瓣色泽白色，花瓣质地中，花瓣数 8 枚，子房有茸毛，花柱长 1.2cm，柱头 3 裂，花柱裂位中，雌雄蕊高比低。果实形状肾形，果实大小 3.2cm×1.9cm，果皮厚 0.13cm，种子形状球形，种径大小 1.53cm×1.51cm，种皮色泽褐色，百粒重 220.0g。春茶一芽二叶蒸青样水浸出物 52.65%，咖啡碱 3.25%，茶多酚 22.59%，氨基酸 1.42%，酚氨比值 15.91。

119. 茶种质 FTT0814—9

由云南省农业科学院茶叶研究所以福鼎大白茶（♀）×团田大叶茶（♂）为亲本，从杂交 F1 中单株选择出种质资源材料。

小乔木，树姿半开展。发芽密度中，芽叶色泽黄绿色，芽叶茸毛多，春茶一芽一叶期 2 月 18 日（2 月 16 日至 2 月 20 日），一芽二叶期 2 月 23 日（2 月 20 日至 2 月 26 日），一芽三叶长 6.06cm，芽长 2.56cm，一芽三叶百芽重 57.80g。叶片上斜着生，叶长 11.46cm，叶宽 4.68cm，叶面积 37.55cm²，中叶，叶长宽比 2.45，叶椭圆形，叶脉 10 对，叶色黄绿色，叶面微隆，叶身内折，叶质中，叶齿锐度中，叶齿密度中，叶齿深度浅，叶基楔形，叶尖急尖，叶缘波。盛花期 9 月中旬，萼片 5 枚，花萼色泽绿色，花萼有茸毛，花冠大小 4.3cm×4.2cm，花瓣色泽白色，花瓣质地中，花瓣数 7 枚，子房有茸毛，花柱长 1.3cm，柱头 3 裂，花柱裂位高，雌雄蕊高比等高。果实形状肾形，果实大小 3.3cm×2.1cm，果皮厚 0.11cm，种子形状球形，种径大小 1.57cm×1.66cm，种皮色泽棕褐色，百粒重 244.0g。春茶一芽二叶蒸青样水浸出物 49.91%，咖啡碱 3.22%，茶多酚 18.03%，氨基酸 2.89%，酚氨比值 6.24。

120. 茶种质 FTT0814—10

由云南省农业科学院茶叶研究所以福鼎大白茶（♀）×团田大叶茶（♂）为亲本，从杂交 F1 中单株选择出种质资源材料。

乔木，树姿直立。发芽密度密，芽叶色泽黄绿色，芽叶茸毛多，春茶一芽一叶期 2 月 15 日（2 月 12 日至 2 月 18 日），一芽二叶期 2 月 18 日（2 月 15 日至 2 月 21 日），一芽三叶长 4.48cm，芽长 2.38cm，一芽三叶百芽重 40.00g。叶片上斜着生，叶长 9.78cm，叶宽 4.40cm，叶面积 30.13cm²，中叶，叶长宽比 2.23，叶椭圆形，叶脉 10 对，叶色黄绿色，叶面隆起，叶身平，叶质中，叶齿锐度中，叶齿密度中，叶齿深度中，叶基楔形，叶尖渐尖，叶缘平。盛花期 9 月中旬，萼片 5 枚，花萼色泽绿色，花萼有茸毛，花冠大小 4.6cm×4.2cm，花瓣色泽白色，花瓣质地中，花瓣数 7 枚，子房有茸毛，花柱长 1.4cm，柱头 3 裂，花柱裂位中，雌雄蕊高比等高。果实形状球形，果实大小 1.8cm×2.6cm，果皮厚 0.14cm，种子形状球形，种径大小 1.93cm×1.88cm，种皮色泽棕褐色，百粒重 382.0g。春茶一芽二叶蒸青样水浸出物 47.39 %，咖啡碱 3.71 %，茶多酚 17.63 %，氨基酸 2.23 %，酚氨比值 7.91。

121. 茶种质 FTT0814—11

　　由云南省农业科学院茶叶研究所以福鼎大白茶（♀）×团田大叶茶（♂）为亲本，从杂交 F1 中单株选择出种质资源材料。

　　小乔木，树姿直立。发芽密度中，芽叶色泽黄绿色，芽叶茸毛中，春茶一芽一叶期 2 月 23 日（2 月 21 日至 2 月 25 日），一芽二叶期 2 月 28 日（2 月 25 日至 3 月 2 日），一芽三叶长 4.46cm，芽长 2.26cm，一芽三叶百芽重 39.20g。叶片上斜着生，叶长 9.16cm，叶宽 4.00cm，叶面积 25.65cm²，中叶，叶长宽比 2.29，叶椭圆形，叶脉 10 对，叶色黄绿色，叶面微隆，叶身内折，叶质中，叶齿锐度中，叶齿密度中，叶齿深度中，叶基楔形，叶尖渐尖，叶缘平。盛花期 10 月下旬，萼片 5 枚，花萼色泽绿色，花萼有茸毛，花冠大小 4.3cm×4.2cm，花瓣色泽白色，花瓣质地中，花瓣数 7 枚，子房有茸毛，花柱长 1.5cm，柱头 3 裂，花柱裂位中，雌雄蕊高比等高。果实形状球形，果实大小 1.4cm×1.8cm，果皮厚 0.11m，种子形状球形，种径大小 1.29cm×1.35cm，种皮色泽棕色，百粒重 102g。春茶一芽二叶蒸青样水浸出物 50.83%，咖啡碱 4.23%，茶多酚 20.47%，氨基酸 1.79%，酚氨比值 11.44。

122. 茶种质 FTT0814—13

　　由云南省农业科学院茶叶研究所以福鼎大白茶（♀）×团田大叶茶（♂）为亲本，从杂交 F1 中单株选择出种质资源材料。

　　小乔木，树姿直立。发芽密度稀，芽叶色泽黄绿色，芽叶茸毛多，春茶一芽一叶期 3 月 2 日（2 月 28 日至 3 月 5 日），一芽二叶期 3 月 7 日（3 月 5 日至 3 月 9 日），一芽三叶长 7.14cm，芽长 2.94cm，一芽三叶百芽重 66.80g。叶片上斜着生，叶长 11.50cm，叶宽 4.62cm，叶面积 37.20cm^2，中叶，叶长宽比 2.49，叶椭圆形，叶脉 9 对，叶色黄绿色，叶面微隆，叶身内折，叶质中，叶齿锐度中，叶齿密度中，叶齿深度中，叶基楔形，叶尖渐尖，叶缘波。盛花期 9 月中旬，萼片 5 枚，花萼色泽绿色，花萼有茸毛，花冠大小 3.6cm×3.3cm，花瓣色泽白色，花瓣质地中，花瓣数 6 枚，子房有茸毛，花柱长 1.4cm，柱头 3 裂，花柱裂位低，雌雄蕊高比等高。果实形状肾形，果实大小 2.8cm×2.0cm，果皮厚 0.13cm，种子形状球形，种径大小 1.67cm×1.78cm，种皮色泽棕褐色，百粒重 300g。春茶一芽二叶蒸青样水浸出物 53.13%，咖啡碱 4.36%，茶多酚 21.47%，氨基酸 1.67%，酚氨比值 12.86。

123. 茶种质 FTT0814—15

由云南省农业科学院茶叶研究所以福鼎大白茶（♀）×团田大叶茶（♂）为亲本，从杂交 F1 中单株选择出种质资源材料。

小乔木，树姿半开展。发芽密度中，芽叶色泽黄绿色，芽叶茸毛多，春茶一芽一叶期 2 月 18 日（2 月 16 日至 2 月 20 日），一芽二叶期 2 月 23 日（2 月 20 日至 2 月 26 日），一芽三叶长 4.76cm，芽长 2.08cm，一芽三叶百芽重 46.40g。叶片上斜着生，叶长 10.76cm，叶宽 5.28cm，叶面积 39.78cm^2，中叶，叶长宽比 2.04，叶椭圆形，叶脉 11 对，叶色绿色，叶面微隆，叶身内折，叶质中，叶齿锐度中，叶齿密度密，叶齿深度中，叶基楔形，叶尖渐尖，叶缘平。盛花期 9 月中旬，萼片 5 枚，花萼色泽绿色，花萼有茸毛，花冠大小 4.4cm×4.2cm，花瓣色泽白色，花瓣质地中，花瓣数 6 枚，子房有茸毛，花柱长 1.5cm，柱头 3 裂，花柱裂位中，雌雄蕊高比等高。果实形状肾形，果实大小 2.7cm×2.1cm，果皮厚 0.17cm，种子形状球形，种径大小 1.74cm×1.58cm，种皮色泽棕褐色，百粒重 246.0g。春茶一芽二叶蒸青样水浸出物 47.67 %，咖啡碱 3.61 %，茶多酚 19.19 %，氨基酸 1.69 %，酚氨比值 11.36。

124. 茶种质 FTT0814—16

由云南省农业科学院茶叶研究所以福鼎大白茶（♀）×团田大叶茶（♂）为亲本，从杂交 F1 中单株选择出种质资源材料。

小乔木，树姿直立。发芽密度稀，芽叶色泽黄绿色，芽叶茸毛多，春茶一芽一叶期2月28日（2月25日至3月2日），一芽二叶期3月2日（2月28日至3月5日），一芽三叶长 7.14cm，芽长 2.64cm，一芽三叶百芽重 76.40g。叶片上斜着生，叶长 11.02cm，叶宽 4.20cm，叶面积 32.41cm²，中叶，叶长宽比 2.63，叶长椭圆形，叶脉 11 对，叶色黄绿色，叶面隆起，叶身内折，叶质中，叶齿锐度锐，叶齿密度中，叶齿深度中，叶基楔形，叶尖渐尖，叶缘微波。盛花期 9 月中旬，萼片 5 枚，花萼色泽绿色，花萼有茸毛，花冠大小 4.1cm×3.7cm，花瓣色泽白色，花瓣质地中，花瓣数 6 枚，子房有茸毛，花柱长 1.2cm，柱头 3 裂，花柱裂位高，雌雄蕊高比等高。果实形状球形，果实大小 2.1cm×2.1cm，果皮厚 0.11cm，种子形状球形，种径大小 1.66cm×1.71cm，种皮色泽棕褐色，百粒重 258.0g。春茶一芽二叶蒸青样水浸出物 55.40%，咖啡碱 4.56%，茶多酚 20.00%，氨基酸 1.09%，酚氨比值 18.35。

125. 茶种质 FTT0815—1

由云南省农业科学院茶叶研究所以福鼎大白茶（♀）×团田大叶茶（♂）为亲本，从杂交 F1 中单株选择出种质资源材料。

小乔木，树姿直立。发芽密度中，芽叶色泽黄绿色，芽叶茸毛中，春茶一芽一叶期 2 月 18 日（2 月 16 日至 2 月 20 日），一芽二叶期 2 月 23 日（2 月 20 日至 2 月 26 日），一芽三叶长 5.42cm，芽长 2.02cm，一芽三叶百芽重 52.20g。叶片上斜着生，叶长 10.88 cm，叶宽 4.42cm，叶面积 33.67cm^2，中叶，叶长宽比 2.47，叶椭圆形，叶脉 10 对，叶色黄绿色，叶面微隆，叶身内折，叶质中，叶齿锐度锐，叶齿密度密，叶齿深度深，叶基楔形，叶尖渐尖，叶缘微波。盛花期 9 月中旬，萼片 5 枚，花萼色泽绿色，花萼有茸毛，花冠大小 5.0cm×4.4cm，花瓣色泽白色，花瓣质地中，花瓣数 7 枚，子房有茸毛，花柱长 1.4cm，柱头 3 裂，花柱裂位低，雌雄蕊高比等高。果实形状球形，果实大小 1.8cm×1.6cm，果皮厚 0.11cm，种子形状球形，种径大小 1.30cm×1.27cm，种皮色泽棕色，百粒重 110.0g。春茶一芽二叶蒸青样水浸出物 46.14%，咖啡碱 4.06%，茶多酚 15.94%，氨基酸 2.60%，酚氨比值 6.13。

126. 茶种质 FTT0815—2

　　由云南省农业科学院茶叶研究所以福鼎大白茶（♀）×团田大叶茶（♂）为亲本，从杂交 F1 中单株选择出种质资源材料。

　　小乔木，树姿开展。发芽密度密，芽叶色泽黄绿色，芽叶茸毛多，春茶一芽一叶期 2 月 18 日（2 月 16 日至 2 月 20 日），一芽二叶期 2 月 23 日（2 月 20 日至 2 月 26 日），一芽三叶长 5.36cm，芽长 2.58cm，一芽三叶百芽重 48.80g。叶片上斜着生，叶长 11.10cm，叶宽 4.06cm，叶面积 31.55cm²，中叶，叶长宽比 2.74，叶长椭圆形，叶脉 10 对，叶色黄绿色，叶面微隆，叶身内折，叶质中，叶齿锐度中，叶齿密度密，叶齿深度中，叶基楔形，叶尖渐尖，叶缘波。盛花期 9 月中旬，萼片 5 枚，花萼色泽绿色，花萼有茸毛，花冠大小 4.1cm×4.0cm，花瓣色泽白色，花瓣质地中，花瓣数 6 枚，子房有茸毛，花柱长 1.7cm，柱头 3 裂，花柱裂位中，雌雄蕊高比高。果实形状球形，果实大小 1.8cm×2.0cm，果皮厚 0.15cm，种子形状球形，种径大小 1.73cm×1.58cm，种皮色泽棕褐色，百粒重 270.0g。春茶一芽二叶蒸青样水浸出物 49.56%，咖啡碱 3.68%，茶多酚 17.92%，氨基酸 2.21%，酚氨比值 8.11。

127. 茶种质 FTT0815—3

由云南省农业科学院茶叶研究所以福鼎大白茶（♀）×团田大叶茶（♂）为亲本，从杂交 F1 中单株选择出种质资源材料。

小乔木，树姿半开展。发芽密度中，芽叶色泽黄绿色，芽叶茸毛多，春茶一芽一叶期 2 月 18 日（2 月 16 日至 2 月 20 日），一芽二叶期 2 月 23 日（2 月 20 日至 2 月 26 日），一芽三叶长 5.92cm，芽长 2.62cm，一芽三叶百芽重 59.60g。叶片上斜着生，叶长 11.86cm，叶宽 4.08cm，叶面积 33.88cm²，中叶，叶长宽比 2.91，叶长椭圆形，叶脉 13 对，叶色黄绿色，叶面隆起，叶身内折，叶质中，叶齿锐度锐，叶齿密度密，叶齿深度中，叶基楔形，叶尖渐尖，叶缘波。盛花期 9 月中旬，萼片 5 枚，花萼色泽绿色，花萼有茸毛，花冠大小 4.0cm×3.9cm，花瓣色泽白色，花瓣质地中，花瓣数 6 枚，子房有茸毛，花柱长 1.1cm，柱头 3 裂，花柱裂位中，雌雄蕊高比等高。果实形状肾形，果实大小 3.2cm×2.2cm，果皮厚 0.12cm，种子形状球形，种径大小 1.61cm×1.63cm，种皮色泽棕褐色，百粒重 246.0g。春茶一芽二叶蒸青样水浸出物 48.80%，咖啡碱 4.00%，茶多酚 19.34%，氨基酸 1.96%，酚氨比值 9.87。

128. 茶种质 FTT0815—4

由云南省农业科学院茶叶研究所以福鼎大白茶（♀）×团田大叶茶（♂）为亲本，从杂交 F1 中单株选择出种质资源材料。

小乔木，树姿半开展。发芽密度稀，芽叶色泽黄绿色，芽叶茸毛多，春茶一芽一叶期 2 月 23 日（2 月 21 日至 2 月 25 日），一芽二叶期 2 月 28 日（2 月 25 日至 3 月 2 日），一芽三叶长 5.66cm，芽长 2.56cm，一芽三叶百芽重 59.00g。叶片上斜着生，叶长 13.04cm，叶宽 4.66cm，叶面积 42.54cm^2，大叶，叶长宽比 2.80，叶长椭圆形，叶脉 14 对，叶色黄绿色，叶面隆起，叶身内折，叶质中，叶齿锐度中，叶齿密度中，叶齿深度中，叶基楔形，叶尖渐尖，叶缘波。盛花期 9 月中旬，萼片 5 枚，花萼色泽绿色，花萼有茸毛，花冠大小 3.9cm×3.7cm，花瓣色泽白色，花瓣质地中，花瓣数 7 枚，子房有茸毛，花柱长 1.2cm，柱头 3 裂，花柱裂位高，雌雄蕊高比等高。果实形状球形，果实大小 1.7cm×2.2cm，果皮厚 0.11cm，种子形状球形，种径大小 1.86cm×1.76cm，种皮色泽棕褐色，百粒重 248.0g。春茶一芽二叶蒸青样水浸出物 48.34%，咖啡碱 4.27%，茶多酚 20.39%，氨基酸 2.40%，酚氨比值 8.50。

129. 茶种质 FTT0815—6

由云南省农业科学院茶叶研究所以福鼎大白茶（♀）×团田大叶茶（♂）为亲本，从杂交 F1 中单株选择出种质资源材料。

小乔木，树姿半开展。发芽密度中，芽叶色泽黄绿色，芽叶茸毛多，春茶一芽一叶期 2 月 23 日（2 月 21 日至 2 月 25 日），一芽二叶期 2 月 28 日（2 月 25 日至 3 月 2 日），一芽三叶长 4.50cm，芽长 2.34cm，一芽三叶百芽重 36.60g。叶片上斜着生，叶长 10.60cm，叶宽 4.10cm，叶面积 30.43cm²，中叶，叶长宽比 2.59，叶长椭圆形，叶脉 11 对，叶色黄绿色，叶面微隆，叶身内折，叶质中，叶齿锐度中，叶齿密度密，叶齿深度中，叶基楔形，叶尖渐尖，叶缘微波。盛花期 9 月中旬，萼片 5 枚，花萼色泽绿色，花萼有茸毛，花冠大小 4.1cm×3.8cm，花瓣色泽白色，花瓣质地中，花瓣数 6 枚，子房有茸毛，花柱长 1.4cm，柱头 3 裂，花柱裂位高，雌雄蕊高比等高。果实形状球形，果实大小 1.7cm×2.0cm，果皮厚 0.12cm，种子形状球形，种径大小 1.75cm×1.59cm，种皮色泽棕褐色，百粒重 264.0g。春茶一芽二叶蒸青样水浸出物 55.62 %，咖啡碱 3.90 %，茶多酚 19.38 %，氨基酸 1.06 %，酚氨比值 18.28。

130. 茶种质 FTT0815—8

由云南省农业科学院茶叶研究所以福鼎大白茶（♀）×团田大叶茶（♂）为亲本，从杂交F1中单株选择出种质资源材料。

小乔木，树姿开展。发芽密度密，芽叶色泽黄绿色，芽叶茸毛特多，春茶一芽一叶期2月23日（2月21日至2月25日），一芽二叶期2月28日（2月25日至3月2日），一芽三叶长6.04cm，芽长2.92cm，一芽三叶百芽重62.20g。叶片上斜着生，叶长15.58cm，叶宽5.24 cm，叶面积57.15cm²，大叶，叶长宽比2.98，叶长椭圆形，叶脉13对，叶色黄绿色，叶面微隆，叶身内折，叶质中，叶齿锐度中，叶齿密度中，叶齿深度中，叶基楔形，叶尖渐尖，叶缘波。盛花期9月中旬，萼片5枚，花萼色泽绿色，花萼有茸毛，花冠大小4.5cm×4.1cm，花瓣色泽白色，花瓣质地中，花瓣数8枚，子房有茸毛，花柱长1.1cm，柱头3裂，花柱裂位高，雌雄蕊高比等高。果实形状球形，果实大小1.8cm×2.3cm，果皮厚0.15cm，种子形状球形，种径大小1.92cm×1.87cm，种皮色泽棕褐色，百粒重414.0g。春茶一芽二叶蒸青样水浸出物46.35％，咖啡碱3.68％，茶多酚18.45％，氨基酸1.99％，酚氨比值9.27。

131. 茶种质 FTT0815—9

由云南省农业科学院茶叶研究所以福鼎大白茶（♀）×团田大叶茶（♂）为亲本，从杂交 F1 中单株选择出种质资源材料。

小乔木，树姿直立。发芽密度稀，芽叶色泽黄绿色，芽叶茸毛多，春茶一芽一叶期 2 月 23 日（2 月 21 日至 2 月 25 日），一芽二叶期 2 月 28 日（2 月 25 日至 3 月 2 日），一芽三叶长 7.38cm，芽长 2.82cm，一芽三叶百芽重 87.00g。叶片上斜着生，叶长 12.48cm，叶宽 4.90cm，叶面积 42.82cm²，大叶，叶长宽比 2.55，叶长椭圆形，叶脉 11 对，叶色黄绿色，叶面隆起，叶身内折，叶质中，叶齿锐度锐，叶齿密度密，叶齿深度中，叶基楔形，叶尖渐尖，叶缘微波。盛花期 9 月中旬，萼片 5 枚，花萼色泽绿色，花萼有茸毛，花冠大小 4.6cm×4.7cm，花瓣色泽白色，花瓣质地中，花瓣数 7 枚，子房有茸毛，花柱长 1.6cm，柱头 3 裂，花柱裂位高，雌雄蕊高比等高。果实形状球形，果实大小 1.6cm×2.0cm，果皮厚 0.09cm，种子形状球形，种径大小 1.24cm×1.21cm，种皮色泽棕褐色，百粒重 120.0g。春茶一芽二叶蒸青样水浸出物 53.87%，咖啡碱 4.35%，茶多酚 21.63%，氨基酸 1.38%，酚氨比值 15.67。

132. 茶种质 FTT0815—10

由云南省农业科学院茶叶研究所以福鼎大白茶（♀）×团田大叶茶（♂）为亲本，从杂交 F1 中单株选择出种质资源材料。

小乔木，树姿半开展。发芽密度中，芽叶色泽黄绿色，芽叶茸毛中，春茶一芽一叶期 2 月 11 日（2 月 7 日至 2 月 15 日），一芽二叶期 2 月 15 日（2 月 13 日至 2 月 17 日），一芽三叶长 4.98cm，芽长 2.44cm，一芽三叶百芽重 46.80g。叶片上斜着生，叶长 10.62cm，叶宽 4.54cm，叶面积 33.76cm^2，中叶，叶长宽比 2.34，叶椭圆形，叶脉 12 对，叶色黄绿色，叶面微隆，叶身内折，叶质中，叶齿锐度中，叶齿密度密，叶齿深度中，叶基楔形，叶尖渐尖，叶缘微波。盛花期 9 月中旬，萼片 5 枚，花萼色泽绿色，花萼有茸毛，花冠大小 3.9cm×3.5cm，花瓣色泽白色，花瓣质地中，花瓣数 7 枚，子房有茸毛，花柱长 1.1cm，柱头 3 裂，花柱裂位中，雌雄蕊高比低。果实形状球形，果实大小 1.6cm×2.1cm，果皮厚 0.06cm，种子形状锥形，种径大小 1.8cm×1.54cm，种皮色泽棕褐色，百粒重 140.0g。春茶一芽二叶蒸青样水浸出物 47.95 %，咖啡碱 3.41 %，茶多酚 20.06 %，氨基酸 1.27 %，酚氨比值 15.80。

133. 茶种质 FTT0815—12

由云南省农业科学院茶叶研究所以福鼎大白茶（♀）×团田大叶茶（♂）为亲本，从杂交 F1 中单株选择出种质资源材料。

小乔木，树姿直立。发芽密度中，芽叶色泽黄绿色，芽叶茸毛多，春茶一芽一叶期 2 月 23 日（2 月 21 日至 2 月 25 日），一芽二叶期 2 月 28 日（2 月 25 日至 3 月 2 日），一芽三叶长 7.22cm，芽长 2.90cm，一芽三叶百芽重 60.80g。叶片上斜着生，叶长 10.76cm，叶宽 4.68 cm，叶面积 35.26cm²，中叶，叶长宽比 2.30，叶椭圆形，叶脉 10 对，叶色黄绿色，叶面微隆，叶身内折，叶质中，叶齿锐度中，叶齿密度中，叶齿深度中，叶基楔形，叶尖渐尖，叶缘微波。盛花期 9 月中旬，萼片 5 枚，花萼色泽绿色，花萼有茸毛，花冠大小 4.5cm×3.9cm，花瓣色泽白色，花瓣质地中，花瓣数 7 枚，子房有茸毛，花柱长 1.5cm，柱头 3 裂，花柱裂位高，雌雄蕊高比等高。果实形状肾形，果实大小 2.9cm×2.0cm，果皮厚 0.12cm，种子形状球形，种径大小 1.44cm×1.50cm，种皮色泽棕褐色，百粒重 202.0g。春茶一芽二叶蒸青样水浸出物 52.10 %，咖啡碱 4.87 %，茶多酚 19.78 %，氨基酸 1.57 %，酚氨比值 12.60。

134. 茶种质 FTT0815—14

由云南省农业科学院茶叶研究所以福鼎大白茶（♀）×团田大叶茶（♂）为亲本，从杂交F1中单株选择出种质资源材料。

小乔木，树姿直立。发芽密度稀，芽叶色泽黄绿色，芽叶茸毛多，春茶一芽一叶期2月23日（2月21日至2月25日），一芽二叶期2月28日（2月25日至3月2日），一芽三叶长7.84cm，芽长3.42cm，一芽三叶百芽重65.60g。叶片上斜着生，叶长11.72cm，叶宽4.48cm，叶面积36.76cm²，中叶，叶长宽比2.62，叶长椭圆形，叶脉11对，叶色黄绿色，叶面隆起，叶身内折，叶质中，叶齿锐度锐，叶齿密度中，叶齿深度中，叶基楔形，叶尖渐尖，叶缘微波。盛花期10月上旬，萼片5枚，花萼色泽绿色，花萼有茸毛，花冠大小4.1cm×4.3cm，花瓣色泽淡绿色，花瓣质地中，花瓣数8枚，子房有茸毛，花柱长1.0cm，柱头3裂，花柱裂位高，雌雄蕊高比低。果实形状球形，果实大小1.8cm×2.0cm，果皮厚0.12cm，种子形状球形，种径大小1.55cm×1.60cm，种皮色泽棕褐色，百粒重232.0g。春茶一芽二叶蒸青样水浸出物53.20％，咖啡碱4.02％，茶多酚21.92％，氨基酸2.11％，酚氨比值10.39。

135. 茶种质 FTT0816—1

　　由云南省农业科学院茶叶研究所以福鼎大白茶（♀）×团田大叶茶（♂）为亲本，从杂交 F1 中单株选择出种质资源材料。

　　小乔木，树姿半开展。发芽密度稀，芽叶色泽黄绿色，芽叶茸毛多，春茶一芽一叶期 2 月 18 日（2月 16 日至 2 月 20 日），一芽二叶期 2 月 23 日（2月 20 日至 2 月 26 日），一芽三叶长 7.34cm，芽长 2.80cm，一芽三叶百芽重 86.00g。叶片上斜着生，叶长 12.22cm，叶宽 5.18cm，叶面积 44.31cm²，大叶，叶长宽比 2.36，叶椭圆形，叶脉 15 对，叶色黄绿色，叶面隆起，叶身内折，叶质中，叶齿锐度中，叶齿密度密，叶齿深度中，叶基楔形，叶尖渐尖，叶缘波。盛花期 10 月中旬，萼片 5 枚，花萼色泽绿色，花萼有茸毛，花冠大小 4.5cm×4.1cm，花瓣色泽白色，花瓣质地中，花瓣数 7枚，子房有茸毛，花柱长 1.4cm，柱头 3 裂，花柱裂位高，雌雄蕊高比等高。果实形状球形，果实大小 1.6cm×2.0cm，果皮厚 0.12cm，种子形状球形，种径大小 1.40cm×1.62cm，种皮色泽棕褐色，百粒重 224g。春茶一芽二叶蒸青样水浸出物 46.08 %，咖啡碱 3.08 %，茶多酚 17.04 %，氨基酸 1.95 %，酚氨比值 8.74。

136. 茶种质 FTT0816—3

由云南省农业科学院茶叶研究所以福鼎大白茶（♀）×团田大叶茶（♂）为亲本，从杂交F1中单株选择出种质资源材料。

小乔木，树姿直立。发芽密度中，芽叶色泽黄绿色，芽叶茸毛多，春茶一芽一叶期2月18日（2月16日至2月20日），一芽二叶期2月28日（2月26日至3月1日），一芽三叶长5.80cm，芽长2.50cm，一芽三叶百芽重55.00g。叶片上斜着生，叶长11.92cm，叶宽4.58cm，叶面积38.22cm²，中叶，叶长宽比2.61，叶长椭圆形，叶脉13对，叶色黄绿色，叶面微隆，叶身内折，叶质中，叶齿锐度中，叶齿密度密，叶齿深度深，叶基楔形，叶尖渐尖，叶缘波。盛花期9月中旬，萼片5枚，花萼色泽绿色，花萼有茸毛，花冠大小3.6cm×3.8cm，花瓣色泽白色，花瓣质地中，花瓣数7枚，子房有茸毛，花柱长1.0cm，柱头3裂，花柱裂位高，雌雄蕊高比等高。果实形状三角形，果实大小2.88cm×2.3cm，果皮厚0.11m，种子形状球形，种径大小1.54cm×1.57cm，种皮色泽棕褐色，百粒重216.0g。春茶一芽二叶蒸青样水浸出物45.48%，咖啡碱3.39%，茶多酚16.88%，氨基酸3.15%，酚氨比值5.36。

143. 茶种质 FGY0817—1

由云南省农业科学院茶叶研究所以福鼎大白茶（♀）×观音山红叶茶（♂）为亲本，从杂交 F1 中单株选择出种质资源材料。

小乔木，树姿直立。发芽密度稀，芽叶色泽黄绿色，芽叶茸毛多，春茶一芽一叶期 2 月 11 日（2 月 7 日至 2 月 15 日），一芽二叶期 2 月 15 日（2 月 13 日至 2 月 17 日），一芽三叶长 6.30cm，芽长 2.90cm，一芽三叶百芽重 76.20g。叶片稍上斜着生，叶长 12.72cm，叶宽 4.56cm，叶面积 40.61cm²，大叶，叶长宽比 2.79，叶长椭圆形，叶脉 13 对，叶色黄绿色，叶面微隆，叶身内折，叶质中，叶齿锐度中，叶齿密度密，叶齿深度中，叶基楔形，叶尖渐尖，叶缘波。盛花期 9 月中旬，萼片 5 枚，花萼色泽绿色，花萼有茸毛，花冠大小 3.8cm×3.7cm，花瓣色泽白色，花瓣质地中，花瓣数 7 枚，子房有茸毛，花柱长 1.5cm，柱头 3 裂，花柱裂位高，雌雄蕊高比高。果实形状肾形，果实大小 2.3cm×1.8cm，果皮厚 0.11cm，种子形状球形，种径大小 1.70cm×1.52cm，种皮色泽褐色，百粒重 203.5g。春茶一芽二叶蒸青样水浸出物 52.62 %，咖啡碱 3.88 %，茶多酚 24.32 %，氨基酸 2.41 %，酚氨比值 10.09。

144. 茶种质 FGY0817—2

由云南省农业科学院茶叶研究所以福鼎大白茶（♀）× 观音山红叶茶（♂）为亲本，从杂交 F1 中单株选择出种质资源材料。

小乔木，树姿半开展。发芽密度稀，芽叶色泽黄绿色，芽叶茸毛多，春茶一芽一叶期 2 月 11 日（2 月 7 日至 2 月 15 日），一芽二叶期 2 月 15 日（2 月 13 日至 2 月 17 日），一芽三叶长 6.04cm，芽长 2.56cm，一芽三叶百芽重 65.60g。叶片上斜着生，叶长 10.62cm，叶宽 4.58cm，叶面积 34.05cm^2，中叶，叶长宽比 2.32，叶椭圆形，叶脉 12 对，叶色黄绿色，叶面微隆，叶身内折，叶质中，叶齿锐度中，叶齿密度密，叶齿深度中，叶基楔形，叶尖渐尖，叶缘波。盛花期 9 月中旬，萼片 5 枚，花萼色泽绿色，花萼有茸毛，花冠大小 4.4cm×4.1cm，花瓣色泽白色，花瓣质地中，花瓣数 6 枚，子房有茸毛，花柱长 1.6cm，柱头 3 裂，花柱裂位高，雌雄蕊高比高。果实形状肾形，果实大小 2.5cm×2.0cm，果皮厚 0.13cm，种子形状球形，种径大小 1.4cm×1.7cm，种皮色泽褐色，百粒重 220.0g。春茶一芽二叶蒸青样水浸出物 53.03 %，咖啡碱 3.72 %，茶多酚 21.65 %，氨基酸 1.89 %，酚氨比值 11.46。

145. 茶种质 FGY0817—5

由云南省农业科学院茶叶研究所以福鼎大白茶（♀）× 观音山红叶茶（♂）为亲本，从杂交 F1 中单株选择出种质资源材料。

小乔木，树姿半开展。发芽密度稀，芽叶色泽黄绿色，芽叶茸毛多，春茶一芽一叶期 2 月 18 日（2 月 16 日至 2 月 20 日），一芽二叶期 2 月 23 日（2 月 20 日至 2 月 26 日），一芽三叶长 6.14cm，芽长 2.62cm，一芽三叶百芽重 77.00g。叶片上斜着生，叶长 12.84cm，叶宽 5.10cm，叶面积 45.85cm²，大叶，叶长宽比 2.52，叶长椭圆形，叶脉 11 对，叶色黄绿色，叶面微隆，叶身内折，叶质中，叶齿锐度中，叶齿密度密，叶齿深度中，叶基楔形，叶尖渐尖，叶缘微波。盛花期 9 月中旬，萼片 5 枚，花萼色泽绿色，花萼有茸毛，花冠大小 3.7cm×3.4cm，花瓣色泽白色，花瓣质地中，花瓣数 7 枚，子房有茸毛，花柱长 1.2cm，柱头 3 裂，花柱裂位高，雌雄蕊高比高。果实形状球形，果实大小 1.7cm×2.2cm，果皮厚 0.15cm，种子形状球形，种径大小 1.75cm×1.74cm，种皮色泽棕褐色，百粒重 282.0g。春茶一芽二叶蒸青样水浸出物 54.98 %，咖啡碱 3.76 %，茶多酚 23.19 %，氨基酸 2.17 %，酚氨比值 10.69。

146. 茶种质 FGY0817—6

由云南省农业科学院茶叶研究所以福鼎大白茶（♀）×观音山红叶茶（♂）为亲本，从杂交 F1 中单株选择出种质资源材料。

小乔木，树姿直立。发芽密度稀，芽叶色泽黄绿色，芽叶茸毛多，春茶一芽一叶期 2 月 18 日（2 月 16 日至 2 月 20 日），一芽二叶期 2 月 23 日（2 月 20 日至 2 月 26 日），一芽三叶长 6.88cm，芽长 2.76cm，一芽三叶百芽重 66.00g。叶片稍上斜着生，叶长 10.56cm，叶宽 5.12cm，叶面积 37.85cm²，中叶，叶长宽比 2.07，叶椭圆形，叶脉 14 对，叶色黄绿色，叶面微隆，叶身内折，叶质中，叶齿锐度锐，叶齿密度密，叶齿深度中，叶基楔形，叶尖渐尖，叶缘微波。盛花期 9 月中旬，萼片 5 枚，花萼色泽绿色，花萼有茸毛，花冠大小 4.4cm×4.2cm，花瓣色泽白色，花瓣质地中，花瓣数 6 枚，子房有茸毛，花柱长 1.5cm，柱头 3 裂，花柱裂位高，雌雄蕊高比等高。果实形状肾形，果实大小 3.0cm×2.0cm，果皮厚 0.06cm，种子形状球形，种径大小 1.71cm×1.54cm，种皮色泽棕褐色，百粒重 200g。春茶一芽二叶蒸青样水浸出物 47.57%，咖啡碱 3.46%，茶多酚 21.94%，氨基酸 2.32%，酚氨比值 9.46。

147. 茶种质 FGY0817—7

　　由云南省农业科学院茶叶研究所以福鼎大白茶（♀）× 观音山红叶茶（♂）为亲本，从杂交 F1 中单株选择出种质资源材料。

　　小乔木，树姿半开展。发芽密度稀，芽叶色泽黄绿色，芽叶茸毛中，春茶一芽一叶期 3 月 7 日（3 月 5 日至 3 月 9 日），一芽二叶期 3 月 17 日（3 月 13 日至 3 月 21 日），一芽三叶长 8.18cm，芽长 2.90cm，一芽三叶百芽重 79.40g。叶片稍上斜着生，叶长 11.46cm，叶宽 4.80cm，叶面积 38.51cm²，中叶，叶长宽比 2.39，叶椭圆形，叶脉 12 对，叶色黄绿色，叶面隆起，叶身内折，叶质中，叶齿锐度中，叶齿密度中，叶齿深度中，叶基楔形，叶尖渐尖，叶缘波。盛花期 9 月中旬，萼片 5 枚，花萼色泽绿色，花萼有茸毛，花冠大小 4.2cm×4.4cm，花瓣色泽白色，花瓣质地中，花瓣数 6 枚，子房有茸毛，花柱长 1.5cm，柱头 3 裂，花柱裂位高，雌雄蕊高比等高。果实形状三角形，果实大小 2.7cm×3.4cm，果皮厚 0.13cm，种子形状球形，种径大小 1.60cm×1.61cm，种皮色泽棕褐色，百粒重 252.0g。春茶一芽二叶蒸青样水浸出物 47.97 ％，咖啡碱 3.60 ％，茶多酚 22.42 ％，氨基酸 2.16 ％，酚氨比值 10.38。

148. 茶种质 FGY0817—8

由云南省农业科学院茶叶研究所以福鼎大白茶（♀）× 观音山红叶茶（♂）为亲本，从杂交 F1 中单株选择出种质资源材料。

小乔木，树姿半开展。发芽密度稀，芽叶色泽黄绿色，芽叶茸毛多，春茶一芽一叶期 2 月 23 日（2 月 21 日至 2 月 25 日），一芽二叶期 2 月 28 日（2 月 25 日至 3 月 2 日），一芽三叶长 5.96cm，芽长 2.90cm，一芽三叶百芽重 62.00g。叶片稍上斜着生，叶长 10.74cm，叶宽 4.94cm，叶面积 37.15cm²，中叶，叶长宽比 2.18，叶椭圆形，叶脉 12 对，叶色黄绿色，叶面隆起，叶身内折，叶质中，叶齿锐度中，叶齿密度密，叶齿深度中，叶基楔形，叶尖渐尖，叶缘波。盛花期 9 月中旬，萼片 5 枚，花萼色泽绿色，花萼有茸毛，花冠大小 4.5cm×4.3cm，花瓣色泽白色，花瓣质地中，花瓣数 7 枚，子房有茸毛，花柱长 1.4cm，柱头 3 裂，花柱裂位高，雌雄蕊高比低。果实形状肾形，果实大小 3.7cm×2.3cm，果皮厚 0.12cm，种子形状球形，种径大小 1.84cm×1.82cm，种皮色泽棕褐色，百粒重 338.0g。春茶一芽二叶蒸青样水浸出物 45.12%，咖啡碱 3.13%，茶多酚 20.77%，氨基酸 1.33%，酚氨比值 15.62。

149. 茶种质 FGY0817—10

由云南省农业科学院茶叶研究所以福鼎大白茶（♀）× 观音山红叶茶（♂）为亲本，从杂交 F1 中单株选择出种质资源材料。

小乔木，树姿直立。发芽密度稀，芽叶色泽黄绿色，芽叶茸毛多，春茶一芽一叶期3月2日（2月28日至3月5日），一芽二叶期3月7日（3月5日至3月9日），一芽三叶长7.64cm，芽长2.82cm，一芽三叶百芽重78.00g。叶片上斜着生，叶长15.90cm，叶宽6.56cm，叶面积73.02cm^2，特大叶，叶长宽比2.43，叶椭圆形，叶脉13对，叶色绿色，叶面隆起，叶身平，叶质中，叶齿锐度锐，叶齿密度密，叶齿深度中，叶基楔形，叶尖渐尖，叶缘波。盛花期9月中旬，萼片5枚，花萼色泽绿色，花萼有茸毛，花冠大小4.6cm×4.1cm，花瓣色泽淡绿色，花瓣质地中，花瓣数7枚，子房有茸毛，花柱长1.4cm，柱头3裂，花柱裂位中，雌雄蕊高比等高。果实形状球形，果实大小1.9cm×2.1cm，果皮厚0.12cm，种子形状球形，种径大小1.93cm×1.85cm，种皮色泽棕褐色，百粒重372.0g。春茶一芽二叶蒸青样水浸出物53.41%，咖啡碱3.02%，茶多酚19.58%，氨基酸1.70%，酚氨比值11.54。

150. 茶种质 FGY0817—11

　　由云南省农业科学院茶叶研究所以福鼎大白茶（♀）×观音山红叶茶（♂）为亲本，从杂交F1中单株选择出种质资源材料。

　　小乔木，树姿半开展。发芽密度稀，芽叶色泽黄绿色，芽叶茸毛多，春茶一芽一叶期2月28日（2月26日至3月2日），一芽二叶期3月7日（3月5日至3月9日），一芽三叶长6.04cm，芽长2.60cm，一芽三叶百芽重66.60g。叶片上斜着生，叶长12.34cm，叶宽4.64cm，叶面积40.09cm²，大叶，叶长宽比2.66，叶长椭圆形，叶脉14对，叶色黄绿色，叶面隆起，叶身内折，叶质中，叶齿锐度中，叶齿密度中，叶齿深度中，叶基楔形，叶尖渐尖，叶缘波。盛花期9月中旬，萼片5枚，花萼色泽绿色，花萼有茸毛，花冠大小3.4cm×3.3cm，花瓣色泽白色，花瓣质地中，花瓣数7枚，子房有茸毛，花柱长1.3cm，柱头3裂，花柱裂位高，雌雄蕊高比高。果实形状肾形，果实大小2.8cm×2.4cm，果皮厚0.15cm，种子形状球形，种径大小1.54cm×1.68cm，种皮色泽棕褐色，百粒重236.0g。春茶一芽二叶蒸青样水浸出物55.48%，咖啡碱3.83%，茶多酚16.61%，氨基酸1.73%，酚氨比值9.60。

151. 茶种质 FGY0817—13

由云南省农业科学院茶叶研究所以福鼎大白茶（♀）×观音山红叶茶（♂）为亲本，从杂交 F1 中单株选择出种质资源材料。

小乔木，树姿直立。发芽密度稀，芽叶色泽黄绿色，芽叶茸毛多，春茶一芽一叶期2月28日（2月26日至3月2日），一芽二叶期3月7日（3月5日至3月9日），一芽三叶长5.70cm，芽长3.04cm，一芽三叶百芽重68.80g。叶片上斜着生，叶长11.52cm，叶宽4.76cm，叶面积38.39cm²，中叶，叶长宽比2.42，叶椭圆形，叶脉12对，叶色黄绿色，叶面隆起，叶身内折，叶质中，叶齿锐度中，叶齿密度密，叶齿深度中，叶基楔形，叶尖渐尖，叶缘波。盛花期9月中旬，萼片5枚，花萼色泽绿色，花萼有茸毛，花冠大小3.8cm×3.3cm，花瓣色泽白色，花瓣质地中，花瓣数7枚，子房有茸毛，花柱长1.2cm，柱头3裂，花柱裂位高，雌雄蕊高比等高。果实形状球形，果实大小1.5cm×1.9cm，果皮厚0.13cm，种子形状球形，种径大小1.71cm×1.65cm，种皮色泽棕褐色，百粒重250.0g。春茶一芽二叶蒸青样水浸出物54.67%，咖啡碱3.13%，茶多酚21.32%，氨基酸1.19%，酚氨比值17.92。

152. 茶种质 FGY0817—15

　　由云南省农业科学院茶叶研究所以福鼎大白茶（♀）×观音山红叶茶（♂）为亲本，从杂交F1中单株选择出种质资源材料。

　　小乔木，树姿半开展。发芽密度稀，芽叶色泽黄绿色，芽叶茸毛中，春茶一芽一叶期3月2日（2月28日至3月5日），一芽二叶期3月7日（3月5日至3月9日），一芽三叶长6.66cm，芽长2.48cm，一芽三叶百芽重84.60g。叶片稍上斜着生，叶长12.30cm，叶宽5.10cm，叶面积43.92cm^2，大叶，叶长宽比2.42，叶椭圆形，叶脉12对，叶色绿色，叶面隆起，叶身内折，叶质中，叶齿锐度中，叶齿密度密，叶齿深度中，叶基楔形，叶尖渐尖，叶缘波。盛花期9月中旬，萼片5枚，花萼色泽绿色，花萼有茸毛，花冠大小4.3cm×3.8cm，花瓣色泽白色，花瓣质地中，花瓣数8枚，子房有茸毛，花柱长1.4cm，柱头3裂，花柱裂位高，雌雄蕊高比等高。果实形状肾形，果实大小3.4cm×2.4cm，果皮厚0.13cm，种子形状球形，种径大小1.77cm×1.73cm，种皮色泽棕褐色，百粒重300g。春茶一芽二叶蒸青样水浸出物40.57%，咖啡碱4.38%，茶多酚21.88%，氨基酸2.00%，酚氨比值10.97。

153. 茶种质 FGY0817—16

由云南省农业科学院茶叶研究所以福鼎大白茶（♀）×观音山红叶茶（♂）为亲本，从杂交 F1 中单株选择出种质资源材料。

小乔木，树姿直立。发芽密度稀，芽叶色泽黄绿色，芽叶茸毛多，春茶一芽一叶期 3 月 9 日（3 月 5 日至 3 月 13 日），一芽二叶期 3 月 17 日（3 月 15 日至 3 月 19 日），一芽三叶长 7.86cm，芽长 2.96cm，一芽三叶百芽重 64.80g。叶片稍上斜着生，叶长 13.00cm，叶宽 5.40cm，叶面积 49.14cm^2，大叶，叶长宽比 2.41，叶椭圆形，叶脉 14 对，叶色绿色，叶面隆起，叶身内折，叶质中，叶齿锐度中，叶齿密度中，叶齿深度中，叶基楔形，叶尖渐尖，叶缘波。盛花期 9 月中旬，萼片 5 枚，花萼色泽绿色，花萼有茸毛，花冠大小 3.6cm×3.6cm，花瓣色泽白色，花瓣质地中，花瓣数 7 枚，子房有茸毛，花柱长 1.4cm，柱头 3 裂，花柱裂位高，雌雄蕊高比高。果实形状三角形，果实大小 3.4cm×2.7cm，果皮厚 0.12cm，种子形状球形，种径大小 1.73cm×1.56cm，种皮色泽棕褐色，百粒重 238.0g。春茶一芽二叶蒸青样水浸出物 50.43%，咖啡碱 4.14%，茶多酚 21.65%，氨基酸 2.71%，酚氨比值 7.99。

154. 茶种质 FGY0817—17

由云南省农业科学院茶叶研究所以福鼎大白茶（♀）×观音山红叶茶（♂）为亲本，从杂交 F1 中单株选择出种质资源材料。

小乔木，树姿半开展。发芽密度稀，芽叶色泽黄绿色，芽叶茸毛多，春茶一芽一叶期 3 月 2 日（2 月 28 日至 3 月 5 日），一芽二叶期 3 月 7 日（3 月 5 日至 3 月 9 日），一芽三叶长 7.42cm，芽长 2.82cm，一芽三叶百芽重 92.00g。叶片上斜着生，叶长 13.96cm，叶宽 5.50cm，叶面积 53.75cm^2，大叶，叶长宽比 2.54，叶长椭圆形，叶脉 14 对，叶色绿色，叶面隆起，叶身内折，叶质中，叶齿锐度中，叶齿密度密，叶齿深度浅，叶基楔形，叶尖渐尖，叶缘微波。盛花期 9 月中旬，萼片 5 枚，花萼色泽绿色，花萼有茸毛，花冠大小 3.7cm×3.9cm，花瓣色泽白色，花瓣质地中，花瓣数 7 枚，子房有茸毛，花柱长 1.4cm，柱头 3 裂，花柱裂位高，雌雄蕊高比高。果实形状肾形，果实大小 3.3cm×2.5cm，果皮厚 0.13cm，种子形状球形，种径大小 1.79cm×1.61cm，种皮色泽棕褐色，百粒重 260g。春茶一芽二叶蒸青样水浸出物 51.85 %，咖啡碱 4.01 %，茶多酚 23.31 %，氨基酸 2.40 %，酚氨比值 9.71。

155. 茶种质 FGY0818—1

由云南省农业科学院茶叶研究所以福鼎大白茶（♀）×观音山红叶茶（♂）为亲本，从杂交 F1 中单株选择出种质资源材料。

小乔木，树姿直立。发芽密度稀，芽叶色泽黄绿色，芽叶茸毛中，春茶一芽一叶期 2 月 28 日（2 月 25 日至 3 月 2 日），一芽二叶期 3 月 2 日（2 月 28 日至 3 月 5 日），一芽三叶长 6.82cm，芽长 3.32cm，一芽三叶百芽重 78.80g。叶片上斜着生，叶长 13.40cm，叶宽 5.12cm，叶面积 48.03cm²，大叶，叶长宽比 2.62，叶长椭圆形，叶脉 14 对，叶色黄绿色，叶面隆起，叶身内折，叶质中，叶齿锐度锐，叶齿密度密，叶齿深度中，叶基楔形，叶尖渐尖，叶缘波。盛花期 9 月中旬，萼片 4 枚，花萼色泽绿色，花萼有茸毛，花冠大小 4.6cm×4.2cm，花瓣色泽白色，花瓣质地中，花瓣数 7 枚，子房有茸毛，花柱长 1.5cm，柱头 3 裂，花柱裂位高，雌雄蕊高比等高。果实形状球形，果实大小 2.2cm×2.2cm，果皮厚 0.11cm，种子形状球形，种径大小 1.66cm×1.58cm，种皮色泽棕褐色，百粒重 222.0g。春茶一芽二叶蒸青样水浸出物 47.80％，咖啡碱 3.92％，茶多酚 20.44％，氨基酸 2.14％，酚氨比值 9.55。

156. 茶种质 FGY0818—2

由云南省农业科学院茶叶研究所以福鼎大白茶（♀）×观音山红叶茶（♂）为亲本，从杂交F1中单株选择出种质资源材料。

小乔木，树姿半开展。发芽密度稀，芽叶色泽黄绿色，芽叶茸毛多，春茶一芽一叶期2月23日（2月21日至2月25日），一芽二叶期2月28日（2月25日至3月2日），一芽三叶长7.94cm，芽长3.04cm，一芽三叶百芽重77.20g。叶片上斜着生，叶长13.70cm，叶宽5.42cm，叶面积51.99cm²，大叶，叶长宽比2.53，叶长椭圆形，叶脉13对，叶色黄绿色，叶面隆起，叶身内折，叶质中，叶齿锐度中，叶齿密度中，叶齿深度中，叶基楔形，叶尖渐尖，叶缘波。盛花期9月中旬，萼片5枚，花萼色泽绿色，花萼有茸毛，花冠大小4.0cm×4.1cm，花瓣色泽白色，花瓣质地中，花瓣数7枚，子房有茸毛，花柱长1.4cm，柱头3裂，花柱裂位高，雌雄蕊高比高。果实形状球形，果实大小2.2cm×2.1cm，果皮厚0.09cm，种子形状球形，种径大小1.91cm×1.64cm，种皮色泽棕褐色，百粒重300g。春茶一芽二叶蒸青样水浸出物52.07%，咖啡碱4.83%，茶多酚21.18%，氨基酸1.87%，酚氨比值11.33。

157. 茶种质 FGY0818—3

由云南省农业科学院茶叶研究所以福鼎大白茶（♀）×观音山红叶茶（♂）为亲本，从杂交F1中单株选择出种质资源材料。

小乔木，树姿直立。发芽密度中，芽叶色泽黄绿色，芽叶茸毛多，春茶一芽一叶期2月18日（2月16日至2月20日），一芽二叶期2月23日（2月20日至2月26日），一芽三叶长8.02cm，芽长2.66cm，一芽三叶百芽重85.80g。叶片稍上斜着生，叶长10.28cm，叶宽4.78cm，叶面积34.40cm²，中叶，叶长宽比2.15，叶椭圆形，叶脉11对，叶色黄绿色，叶面隆起，叶身内折，叶质中，叶齿锐度中，叶齿密度中，叶齿深度中，叶基楔形，叶尖渐尖，叶缘微波。盛花期9月中旬，萼片5枚，花萼色泽绿色，花萼有茸毛，花冠大小4.2cm×4.0cm，花瓣色泽白色，花瓣质地中，花瓣数 8枚，子房有茸毛，花柱长1.5cm，柱头3裂，花柱裂位高，雌雄蕊高比高。果实形状三角形，果实大小2.8cm×2.7cm，果皮厚0.13cm，种子形状球形，种径大小1.79cm×1.71cm，种皮色泽棕褐色，百粒重224.0g。春茶一芽二叶蒸青样水浸出物43.24%，咖啡碱3.04%，茶多酚16.97%，氨基酸2.86%，酚氨比值5.93。

158. 茶种质 FGY0818—5

由云南省农业科学院茶叶研究所以福鼎大白茶（♀）×观音山红叶茶（♂）为亲本，从杂交 F1 中单株选择出种质资源材料。

小乔木，树姿直立。发芽密度中，芽叶色泽黄绿色，芽叶茸毛中，春茶一芽一叶期2月28日（2月26日至3月1日），一芽二叶期3月7日（3月5日至3月9日），一芽三叶长7.92cm，芽长2.72cm，一芽三叶百芽重95.80g。叶片上斜着生，叶长13.12cm，叶宽5.00cm，叶面积45.92cm^2，大叶，叶长宽比2.63，叶长椭圆形，叶脉12对，叶色黄绿色，叶面微隆，叶身内折，叶质中，叶齿锐度中，叶齿密度密，叶齿深度浅，叶基楔形，叶尖渐尖，叶缘波。盛花期9月中旬，萼片5枚，花萼色泽绿色，花萼有茸毛，花冠大小4.5cm×4.2cm，花瓣色泽淡绿色，花瓣质地中，花瓣数7枚，子房有茸毛，花柱长1.4cm，柱头3裂，花柱裂位高，雌雄蕊高比等高。果实形状肾形，果实大小2.8cm×2.0cm，果皮厚0.1cm，种子形状球形，种径大小1.79cm×1.77cm，种皮色泽棕褐色，百粒重324.0g。春茶一芽二叶蒸青样水浸出物49.94％，咖啡碱3.34％，茶多酚23.16％，氨基酸2.08％，酚氨比值11.13。

159. 茶种质 FGY0818—7

由云南省农业科学院茶叶研究所以福鼎大白茶（♀）×观音山红叶茶（♂）为亲本，从杂交 F1 中单株选择出种质资源材料。

小乔木，树姿直立。发芽密度中，芽叶色泽黄绿色，芽叶茸毛多，春茶一芽一叶期 3 月 7 日（3 月 5 日至 3 月 9 日），一芽二叶期 3 月 17 日（3 月 13 日至 3 月 21 日），一芽三叶长 6.78cm，芽长 2.86cm，一芽三叶百芽重 57.60g。叶片上斜着生，叶长 9.08cm，叶宽 4.08cm，叶面积 25.94cm^2，中叶，叶长宽比 2.23，叶椭圆形，叶脉 9 对，叶色黄绿色，叶面隆起，叶身内折，叶质中，叶齿锐度中，叶齿密度密，叶齿深度中，叶基楔形，叶尖渐尖，叶缘波。盛花期 9 月中旬，萼片 5 枚，花萼色泽绿色，花萼有茸毛，花冠大小 4.3cm×4.1cm，花瓣色泽白色，花瓣质地中，花瓣数 8 枚，子房有茸毛，花柱长 1.4cm，柱头 3 裂，花柱裂位高，雌雄蕊高比等高。果实形状三角形，果实大小 3.3cm×2.8cm，果皮厚 0.12cm，种子形状球形，种径大小 1.63cm×1.75cm，种皮色泽棕褐色，百粒重 194.0g。春茶一芽二叶蒸青样水浸出物 54.81%，咖啡碱 4.04%，茶多酚 20.71%，氨基酸 2.28%，酚氨比值 9.08。

160. 茶种质 FGY0818—8

由云南省农业科学院茶叶研究所以福鼎大白茶（♀）×观音山红叶茶（♂）为亲本，从杂交 F1 中单株选择出特异种质资源材料。

小乔木，树姿直立。发芽密度稀，芽叶色泽紫绿色，芽叶茸毛多，新梢叶柄基部花青苷显色。春茶一芽一叶期 2 月 28 日（2 月 25 日至 3 月 2 日），一芽二叶期 3 月 2 日（2 月 28 日至 3 月 5 日），一芽三叶长 7.64cm，芽长 3.02cm，一芽三叶百芽重 80.40g。叶片上斜着生，叶长 14.48cm，叶宽 4.70cm，叶面积 47.65cm²，大叶，叶长宽比 3.08，叶披针形，叶脉 14 对，叶色黄绿色，叶面微隆，叶身内折，叶质中，叶齿锐度中，叶齿密度密，叶齿深度中，叶基楔形，叶尖渐尖，叶缘波。盛花期 9 月中旬，萼片 5 枚，花萼色泽绿色，花萼有茸毛，花冠大小 3.8cm×3.4cm，花瓣色泽白色，花瓣质地中，花瓣数 6 枚，子房有茸毛，花柱长 1.3cm，柱头 3 裂，花柱裂位高，雌雄蕊高比高。果实形状球形，果实大小 1.8cm×2.0cm，果皮厚 0.12cm，种子形状球形，种径大小 1.75cm×1.87cm，种皮色泽棕褐色，百粒重 360g。春茶一芽二叶蒸青样水浸出物 41.06％，咖啡碱 3.77％，茶多酚 21.78％，氨基酸 1.49％，酚氨比值 14.62。

161. 茶种质 FMY091—1

由云南省农业科学院茶叶研究所以福鼎大白茶（♀）×蚂蚁茶（♂）为亲本，从杂交F1中单株选择出种质资源材料。

小乔木，树姿直立。发芽密度中，芽叶色泽黄绿色，芽叶茸毛多，春茶一芽一叶期2月23日（2月21日至3月25日），一芽二叶期2月28日（2月25日至3月2日），一芽三叶长5.12cm，芽长2.16cm，一芽三叶百芽重66.20g。叶片上斜着生，叶长14.10cm，叶宽6.28cm，叶面积61.99cm²，特大叶，叶长宽比2.25，叶椭圆形，叶脉13对，叶色黄绿色，叶面隆起，叶身内折，叶质中，叶齿锐度中，叶齿密度中，叶齿深度深，叶基楔形，叶尖渐尖，叶缘波。盛花期9月中旬，萼片5枚，花萼色泽绿色，花萼有茸毛，花冠大小4.3cm×4.5cm，花瓣色泽白色，花瓣质地中，花瓣数7枚，子房有茸毛，花柱长1.4cm，柱头3裂，花柱裂位中，雌雄蕊高比高。果实形状球形，果实大小2.2cm×2.2cm，果皮厚0.12cm，种子形状球形，种径大小1.73cm×1.76cm，种皮色泽棕褐色，百粒重273.3g。春茶一芽二叶蒸青样水浸出物44.27%，咖啡碱3.92%，茶多酚18.20%，氨基酸2.33%，酚氨比值7.81。

162. 茶种质 FMY091—2

由云南省农业科学院茶叶研究所以福鼎大白茶（♀）×蚂蚁茶（♂）为亲本，从杂交 F1 中单株选择出种质资源材料。

小乔木，树姿半开展。发芽密度稀，芽叶色泽黄绿色，芽叶茸毛多，春茶一芽一叶期 2 月 28 日（2 月 25 日至 3 月 2 日），一芽二叶期 3 月 7 日（3 月 5 日至 3 月 9 日），一芽三叶长 6.44cm，芽长 3.24cm，一芽三叶百芽重 103.40g。叶片上斜着生，叶长 13.16cm，叶宽 4.98cm，叶面积 45.88cm²，大叶，叶长宽比 2.65，叶长椭圆形，叶脉 12 对，叶色黄绿色，叶面微隆，叶身内折，叶质中，叶齿锐度锐，叶齿密度密，叶齿深度中，叶基楔形，叶尖渐尖，叶缘波。盛花期 9 月中旬，萼片 5 枚，花萼色泽绿色，花萼有茸毛，花冠大小 5.1cm×4.8cm，花瓣色泽白色，花瓣质地中，花瓣数 7 枚，子房有茸毛，花柱长 1.4cm，柱头 3 裂，花柱裂位高，雌雄蕊高比低。果实形状肾形，果实大小 2.9cm×2.2cm，果皮厚 0.18cm，种子形状球形，种径大小 1.66cm×1.61cm，种皮色泽棕褐色，百粒重 200g。春茶一芽二叶蒸青样水浸出物 45.69 %，咖啡碱 4.90 %，茶多酚 20.24 %，氨基酸 2.55 %，酚氨比值 7.94。

163. 茶种质 FMY091—3

由云南省农业科学院茶叶研究所以福鼎大白茶（♀）×蚂蚁茶（♂）为亲本，从杂交 F1 中单株选择出种质资源材料。

小乔木，树姿半开展。发芽密度稀，芽叶色泽黄绿色，芽叶茸毛多，春茶一芽一叶期 3 月 17 日（3 月 13 日至 3 月 21 日），一芽二叶期 3 月 28 日（3 月 24 日至 4 月 1 日），一芽三叶长 5.98cm，芽长 2.66cm，一芽三叶百芽重 47.80g。叶片稍上斜着生，叶长 12.66cm，叶宽 5.08cm，叶面积 45.03cm^2，大叶，叶长宽比 2.50，叶椭圆形，叶脉 12 对，叶色黄绿色，叶面隆起，叶身内折，叶质中，叶齿锐度锐，叶齿密度密，叶齿深度中，叶基楔形，叶尖渐尖，叶缘微波。盛花期 9 月中旬，萼片 5 枚，花萼色泽绿色，花萼有茸毛，花冠大小 5.0cm×4.8cm，花瓣色泽白色，花瓣质地中，花瓣数 9 枚，子房有茸毛，花柱长 1.3cm，柱头 3 裂，花柱裂位高，雌雄蕊高比等高。果实形状球形，果实大小 2.2cm×1.9cm，果皮厚 0.13cm，种子形状球形，种径大小 1.63cm×1.59cm，种皮色泽棕褐色，百粒重 222.0g。春茶一芽二叶蒸青样水浸出物 49.73 %，咖啡碱 4.64 %，茶多酚 22.10 %，氨基酸 1.54 %，酚氨比值 14.35。

164. 茶种质 FMY091—4

由云南省农业科学院茶叶研究所以福鼎大白茶（♀）×蚂蚁茶（♂）为亲本，从杂交 F1 中单株选择出种质资源材料。

小乔木，树姿直立。发芽密度稀，芽叶色泽黄绿色，芽叶茸毛特多，春茶一芽一叶期 3 月 7 日（3 月 5 日至 3 月 9 日），一芽二叶期 3 月 14 日（3 月 10 日至 3 月 18 日），一芽三叶长 6.74cm，芽长 2.90cm，一芽三叶百芽重 79.60g。叶片上斜着生，叶长 14.04cm，叶宽 5.48cm，叶面积 53.86cm²，大叶，叶长宽比 2.57，叶长椭圆形，叶脉 13 对，叶色黄绿色，叶面微隆，叶身内折，叶质中，叶齿锐度锐，叶齿密度密，叶齿深度深，叶基楔形，叶尖渐尖，叶缘平。盛花期 9 月中旬，萼片 5 枚，花萼色泽绿色，花萼有茸毛，花冠大小 5.3cm×4.6cm，花瓣色泽白色，花瓣质地中，花瓣数 7 枚，子房有茸毛，花柱长 1.4cm，柱头 3 裂，花柱裂位高，雌雄蕊高比低。果实形状球形，果实大小 2.0cm×1.7cm，果皮厚 0.14cm，种子形状球形，种径大小 1.57cm×1.58cm，种皮色泽棕褐色，百粒重 172g。春茶一芽二叶蒸青样水浸出物 46.18％，咖啡碱 4.24％，茶多酚 21.74％，氨基酸 2.13％，酚氨比值 10.21。

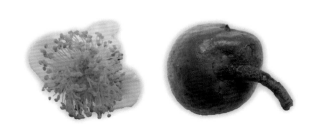

165. 茶种质 FMY091—5

由云南省农业科学院茶叶研究所以福鼎大白茶（♀）× 蚂蚁茶（♂）为亲本，从杂交 F1 中单株选择出种质资源材料。

小乔木，树姿半开展。发芽密度中，芽叶色泽黄绿色，芽叶茸毛多，春茶一芽一叶期 3 月 7 日（3 月 5 日至 3 月 9 日），一芽二叶期 3 月 14 日（3 月 10 日至 3 月 18 日），一芽三叶长 6.42cm，芽长 2.94cm，一芽三叶百芽重 80.60g。叶片稍上斜着生，叶长 12.82cm，叶宽 5.04cm，叶面积 45.24cm²，大叶，叶长宽比 2.55，叶长椭圆形，叶脉 12 对，叶色黄绿色，叶面微隆，叶身内折，叶质中，叶齿锐度锐，叶齿密度密，叶齿深度中，叶基楔形，叶尖渐尖，叶缘微波。盛花期 9 月中旬，萼片 5 枚，花萼色泽绿色，花萼有茸毛，花冠大小 4.4cm×4.5cm，花瓣色泽白色，花瓣质地中，花瓣数 8 枚，子房有茸毛，花柱长 1.3cm，柱头 3 裂，花柱裂位高，雌雄蕊高比等高。果实形状球形，果实大小 2.4cm×2.2cm，果皮厚 0.09cm，种子形状球形，种径大小 1.58cm×1.42cm，种皮色泽棕褐色，百粒重 205.0g。春茶一芽二叶蒸青样水浸出物 49.68％，咖啡碱 4.38％，茶多酚 21.57％，氨基酸 1.60％，酚氨比值 13.48。

166. 茶种质 FMY091—6

由云南省农业科学院茶叶研究所以福鼎大白茶（♀）×蚂蚁茶（♂）为亲本，从杂交 F1 中单株选择出种质资源材料。

小乔木，树姿直立。发芽密度稀，芽叶色泽黄绿色，芽叶茸毛特多，春茶一芽一叶期 3 月 2 日（2 月 28 日至 3 月 5 日），一芽二叶期 3 月 9 日（3 月 7 日至 3 月 11 日），一芽三叶长 5.34cm，芽长 2.64cm，一芽三叶百芽重 60.80g。叶片上斜着生，叶长 12.50cm，叶宽 4.06cm，叶面积 35.53cm²，中叶，叶长宽比 3.08，叶披针形，叶脉 10 对，叶色黄绿色，叶面微隆，叶身内折，叶质中，叶齿锐度锐，叶齿密度密，叶齿深度中，叶基楔形，叶尖渐尖，叶缘波。盛花期 9 月中旬，萼片 5 枚，花萼色泽绿色，花萼有茸毛，花冠大小 4.3cm×4.2cm，花瓣色泽白色，花瓣质地中，花瓣数 7 枚，子房有茸毛，花柱长 1.4cm，柱头 3 裂，花柱裂位高，雌雄蕊高比等高。果实形状球形，果实大小 1.8cm×2.0cm，果皮厚 0.15cm，种子形状球形，种径大小 1.58cm×1.59cm，种皮色泽棕褐色，百粒重 163.3g。春茶一芽二叶蒸青样水浸出物 52.01%，咖啡碱 4.19%，茶多酚 21.92%，氨基酸 1.70%，酚氨比值 12.89。

167. 茶种质 FMY091—7

由云南省农业科学院茶叶研究所以福鼎大白茶（♀）×蚂蚁茶（♂）为亲本，从杂交 F1 中单株选择出种质资源材料。

小乔木，树姿直立。发芽密度稀，芽叶色泽黄绿色，芽叶茸毛多，春茶一芽一叶期 3 月 2 日（2 月 28 日至 3 月 5 日），一芽二叶期 3 月 7 日（3 月 5 日至 3 月 9 日），一芽三叶长 7.32cm，芽长 2.90cm，一芽三叶百芽重 88.20g。叶片上斜着生，叶长 15.34cm，叶宽 6.02cm，叶面积 64.65cm²，特大叶，叶长宽比 2.55，叶长椭圆形，叶脉 14 对，叶色黄绿色，叶面微隆，叶身内折，叶质中，叶齿锐度锐，叶齿密度密，叶齿深度中，叶基楔形，叶尖渐尖，叶缘平。盛花期 9 月下旬，萼片 5 枚，花萼色泽绿色，花萼有茸毛，花冠大小 5.0cm×4.7cm，花瓣色泽白色，花瓣质地中，花瓣数 8 枚，子房有茸毛，花柱长 1.6cm，柱头 3 裂，花柱裂位高，雌雄蕊高比高。果实形状三角形，果实大小 2.7cm×2.5cm，果皮厚 0.14cm，种子形状球形，种径大小 1.54cm×1.56cm，种皮色泽棕褐色，百粒重 220g。春茶一芽二叶蒸青样水浸出物 51.69％，咖啡碱 4.26％，茶多酚 21.30％，氨基酸 2.12％，酚氨比值 10.05。

168. 茶种质 FMY091—8

由云南省农业科学院茶叶研究所以福鼎大白茶（♀）×蚂蚁茶（♂）为亲本，从杂交 F1 中单株选择出种质资源材料。

小乔木，树姿半开展。发芽密度稀，芽叶色泽黄绿色，芽叶茸毛多，春茶一芽一叶期 2 月 23 日（2 月 21 日至 3 月 25 日），一芽二叶期 2 月 28 日（2 月 25 日至 3 月 2 日），一芽三叶长 6.16cm，芽长 2.90cm，一芽三叶百芽重 73.00g。叶片上斜着生，叶长 12.86cm，叶宽 5.52cm，叶面积 49.70cm²，大叶，叶长宽比 2.33，叶椭圆形，叶脉 12 对，叶色绿色，叶面隆起，叶身内折，叶质中，叶齿锐度锐，叶齿密度密，叶齿深度中，叶基楔形，叶尖渐尖，叶缘微波。盛花期 9 月下旬，萼片 5 枚，花萼色泽绿色，花萼有茸毛，花冠大小 5.1cm×4.7cm，花瓣色泽白色，花瓣质地中，花瓣数 7 枚，子房有茸毛，花柱长 1.1cm，柱头 3 裂，花柱裂位高，雌雄蕊高比低。果实形状球形，果实大小 2.1cm×2.1cm，果皮厚 0.11cm，种子形状球形，种径大小 1.73cm×1.65cm，种皮色泽棕褐色，百粒重 230.0g。春茶一芽二叶蒸青样水浸出物 46.26%，咖啡碱 3.62%，茶多酚 18.85%，氨基酸 2.81%，酚氨比值 6.71。

169. 茶种质 FMY091—10

由云南省农业科学院茶叶研究所以福鼎大白茶（♀）×蚂蚁茶（♂）为亲本，从杂交 F1 中单株选择出种质资源材料。

小乔木，树姿半开展。发芽密度稀，芽叶色泽黄绿色，芽叶茸毛多，春茶一芽一叶期 2 月 23 日（2 月 21 日至 3 月 25 日），一芽二叶期 2 月 28 日（2 月 25 日至 3 月 2 日），一芽三叶长 6.10cm，芽长 3.32cm，一芽三叶百芽重 92.60g。叶片稍上斜着生，叶长 15.98cm，叶宽 6.02cm，叶面积 67.34cm²，特大叶，叶长宽比 2.66，叶长椭圆形，叶脉 12 对，叶色绿色，叶面隆起，叶身内折，叶质中，叶齿锐度锐，叶齿密度密，叶齿深度深，叶基楔形，叶尖渐尖，叶缘平。盛花期 9 月下旬，萼片 5 枚，花萼色泽绿色，花萼有茸毛，花冠大小 5.2cm×5.2cm，花瓣色泽淡绿色，花瓣质地中，花瓣数 7 枚，子房有茸毛，花柱长 1.4cm，柱头 3 裂，花柱裂位中，雌雄蕊高比等高。果实形状肾形，果实大小 3.4cm×2.6cm，果皮厚 0.12cm，种子形状球形，种径大小 1.77cm×1.73cm，种皮色泽棕褐色，百粒重 294.0g。春茶一芽二叶蒸青样水浸出物 45.88％，咖啡碱 3.45％，茶多酚 18.28％，氨基酸 2.61％，酚氨比值 7.00。

170. 茶种质 FMY091—11

由云南省农业科学院茶叶研究所以福鼎大白茶（♀）×蚂蚁茶（♂）为亲本，从杂交F1中单株选择出种质资源材料。

小乔木，树姿半开展。发芽密度稀，芽叶色泽黄绿色，芽叶茸毛多，春茶一芽一叶期2月28日（2月25日至3月2日），一芽二叶期3月7日（3月5日至3月9日），一芽三叶长5.60cm，芽长3.06cm，一芽三叶百芽重77.20g。叶片上斜着生，叶长12.38cm，叶宽5.06cm，叶面积43.86cm²，大叶，叶长宽比2.45，叶椭圆形，叶脉11对，叶色黄绿色，叶面微隆，叶身内折，叶质中，叶齿锐度锐，叶齿密度密，叶齿深度中，叶基楔形，叶尖渐尖，叶缘平。盛花期9月下旬，萼片5枚，花萼色泽绿色，花萼有茸毛，花冠大小4.6cm×4.5cm，花瓣色泽白色，花瓣质地中，花瓣数7枚，子房有茸毛，花柱长1.5cm，柱头3裂，花柱裂位高，雌雄蕊高比等高。果实形状肾形，果实大小3.2cm×2.2cm，果皮厚0.14cm，种子形状球形，种径大小1.48cm×1.76cm，种皮色泽棕褐色，百粒重222.0g。春茶一芽二叶蒸青样水浸出物49.04%，咖啡碱4.12%，茶多酚20.19%，氨基酸2.33%，酚氨比值8.67。

171. 茶种质 FMY091—13

由云南省农业科学院茶叶研究所以福鼎大白茶（♀）×蚂蚁茶（♂）为亲本，从杂交 F1 中单株选择出种质资源材料。

小乔木，树姿半开展。发芽密度稀，芽叶色泽黄绿色，芽叶茸毛多，春茶一芽一叶期 3 月 7 日（3 月 5 日至 3 月 9 日），一芽二叶期 3 月 14 日（3 月 10 日至 3 月 18 日），一芽三叶长 7.14cm，芽长 3.12cm，一芽三叶百芽重 104.40g。叶片稍上斜着生，叶长 14.08cm，叶宽 5.56cm，叶面积 54.81cm²，大叶，叶长宽比 2.54，叶长椭圆形，叶脉 12 对，叶色黄绿色，叶面微隆，叶身内折，叶质中，叶齿锐度锐，叶齿密度密，叶齿深度中，叶基楔形，叶尖渐尖，叶缘波。盛花期 9 月下旬，萼片 5 枚，花萼色泽绿色，花萼有茸毛，花冠大小 5.2cm×4.5cm，花瓣色泽白色，花瓣质地中，花瓣数 7 枚，子房有茸毛，花柱长 1.4cm，柱头 3 裂，花柱裂位中，雌雄蕊高比等高。果实形状肾形，果实大小 2.6cm×1.8cm，果皮厚 0.12cm，种子形状球形，种径大小 1.55cm×1.60cm，种皮色泽棕褐色，百粒重 202.0g。春茶一芽二叶蒸青样水浸出物 45.94 ％，咖啡碱 4.24 ％，茶多酚 19.68 ％，氨基酸 1.78 ％，酚氨比值 11.06。

172. 茶种质 FMY091—17

由云南省农业科学院茶叶研究所以福鼎大白茶（♀）× 蚂蚁茶（♂）为亲本，从杂交 F1 中单株选择出种质资源材料。

小乔木，树姿半开展。发芽密度稀，芽叶色泽黄绿色，芽叶茸毛多，春茶一芽一叶期 2 月 28 日（2 月 26 日至 3 月 1 日），一芽二叶期 3 月 2 日（2 月 28 日至 3 月 5 日），一芽三叶长 7.62cm，芽长 3.66cm，一芽三叶百芽重 73.60g。叶片上斜着生，叶长 14.28cm，叶宽 5.06cm，叶面积 50.59cm^2，大叶，叶长宽比 2.83，叶长椭圆形，叶脉 14 对，叶色黄绿色，叶面微隆，叶身内折，叶质中，叶齿锐度锐，叶齿密度密，叶齿深度中，叶基楔形，叶尖渐尖，叶缘波。盛花期 9 月中旬，萼片 5 枚，花萼色泽绿色，花萼有茸毛，花冠大小 4.4cm×4.3cm，花瓣色泽白色，花瓣质地中，花瓣数 7 枚，子房有茸毛，花柱长 1.7cm，柱头 3 裂，花柱裂位高，雌雄蕊高比等高。果实形状球形，果实大小 2.6cm×2.0cm，果皮厚 0.1cm，种子形状球形，种径大小 1.8cm×1.7cm，种皮色泽棕褐色，百粒重 315.0g。春茶一芽二叶蒸青样水浸出物 48.73 %，咖啡碱 4.52 %，茶多酚 20.22 %，氨基酸 1.85 %，酚氨比值 10.93。

173. 茶种质 FMY091—19

由云南省农业科学院茶叶研究所以福鼎大白茶（♀）× 蚂蚁茶（♂）为亲本，从杂交 F1 中单株选择出种质资源材料。

小乔木，树姿半开展。发芽密度稀，芽叶色泽黄绿色，芽叶茸毛多，春茶一芽一叶期 3 月 9 日（3 月 6 日至 3 月 12 日），一芽二叶期 3 月 17 日（3 月 15 日至 3 月 19 日），一芽三叶长 7.30cm，芽长 3.02cm，一芽三叶百芽重 99.80g。叶片上斜着生，叶长 16.88cm，叶宽 6.84cm，叶面积 80.83cm²，特大叶，叶长宽比 2.47，叶椭圆形，叶脉 14 对，叶色黄绿色，叶面隆起，叶身内折，叶质中，叶齿锐度锐，叶齿密度密，叶齿深度中，叶基楔形，叶尖渐尖，叶缘微波。盛花期 9 月中旬，萼片 5 枚，花萼色泽绿色，花萼有茸毛，花冠大小 4.9cm×4.9cm，花瓣色泽淡绿色，花瓣质地中，花瓣数 9 枚，子房有茸毛，花柱长 1.6cm，柱头 3 裂，花柱裂位高，雌雄蕊高比低。果实形状球形，果实大小 2.3cm×2.0cm，果皮厚 0.13cm，种子形状球形，种径大小 1.61cm×1.60cm，种皮色泽棕褐色，百粒重 245.0g。春茶一芽二叶蒸青样水浸出物 44.69 %，咖啡碱 4.46 %，茶多酚 20.25 %，氨基酸 1.96 %，酚氨比值 10.33。

174. 茶种质 FMY091—20

　　由云南省农业科学院茶叶研究所以福鼎大白茶（♀）×蚂蚁茶（♂）为亲本，从杂交F1中单株选择出种质资源材料。

　　小乔木，树姿半开展。发芽密度中，芽叶色泽黄绿色，芽叶茸毛多，春茶一芽一叶期3月14日（3月12日至3月16日），一芽二叶期3月17日（3月15日至3月19日），一芽三叶长8.00cm，芽长3.40cm，一芽三叶百芽重99.60g。叶片上斜着生，叶长15.46cm，叶宽5.88cm，叶面积63.64cm²，特大叶，叶长宽比2.63，叶长椭圆形，叶脉13对，叶色黄绿色，叶面隆起，叶身内折，叶质中，叶齿锐度锐，叶齿密度密，叶齿深度中，叶基楔形，叶尖渐尖，叶缘波。盛花期10月上旬，萼片5枚，花萼色泽绿色，花萼有茸毛，花冠大小4.5cm×4.5cm，花瓣色泽白色，花瓣质地中，花瓣数8枚，子房有茸毛，花柱长1.4cm，柱头3裂，花柱裂位中，雌雄蕊高比低。果实形状肾形，果实大小2.6cm×1.8cm，果皮厚0.13cm，种子形状球形，种径大小1.57cm×1.59cm，种皮色泽棕褐色，百粒重210g。春茶一芽二叶蒸青样水浸出物40.17%，咖啡碱4.25%，茶多酚21.67%，氨基酸2.15%，酚氨比值10.08。

175. 茶种质 FMY091—21

　　由云南省农业科学院茶叶研究所以福鼎大白茶（♀）×蚂蚁茶（♂）为亲本，从杂交 F1 中单株选择出种质资源材料。

　　小乔木，树姿开展。发芽密度稀，芽叶色泽黄绿色，芽叶茸毛多，春茶一芽一叶期 4 月 6 日（4 月 3 日至 4 月 9 日），一芽二叶期 4 月 9 日（4 月 7 日至 4 月 11 日），一芽三叶长 10.02cm，芽长 3.22cm，一芽三叶百芽重 130.60g。叶片水平着生，叶长 14.66cm，叶宽 6.18cm，叶面积 63.42cm^2，特大叶，叶长宽比 2.38，叶椭圆形，叶脉 10 对，叶色绿色，叶面隆起，叶身内折，叶质中，叶齿锐度锐，叶齿密度中，叶齿深度中，叶基楔形，叶尖渐尖，叶缘微波。盛花期 9 月中旬，萼片 5 枚，花萼色泽绿色，花萼有茸毛，花冠大小 4.9cm×4.8cm，花瓣色泽白色，花瓣质地中，花瓣数 7 枚，子房有茸毛，花柱长 1.6cm，柱头 3 裂，花柱裂位高，雌雄蕊高比等高。果实形状三角形，果实大小 2.5cm×2.1cm，果皮厚 0.12cm，种子形状球形，种径大小 1.50cm×1.51cm，种皮色泽棕褐色，百粒重 205g。春茶一芽二叶蒸青样水浸出物 47.59 %，咖啡碱 4.28 %，茶多酚 21.30 %，氨基酸 2.17 %，酚氨比值 9.81。

176. 茶种质 FMY091—23

由云南省农业科学院茶叶研究所以福鼎大白茶（♀）×蚂蚁茶（♂）为亲本，从杂交 F1 中单株选择出种质资源材料。

小乔木，树姿半开展。发芽密度中，芽叶色泽黄绿色，芽叶茸毛多，春茶一芽一叶期 3 月 14 日（3 月 12 日至 3 月 16 日），一芽二叶期 3 月 21 日（3 月 18 日至 3 月 24 日），一芽三叶长 5.58cm，芽长 2.96cm，一芽三叶百芽重 87.40g。叶片稍上斜着生，叶长 15.54cm，叶宽 5.80cm，叶面积 63.10cm²，特大叶，叶长宽比 2.68，叶长椭圆形，叶脉 13 对，叶色黄绿色，叶面微隆，叶身内折，叶质中，叶齿锐度锐，叶齿密度密，叶齿深度中，叶基楔形，叶尖渐尖，叶缘波。盛花期 9 月中旬，萼片 5 枚，花萼色泽绿色，花萼有茸毛，花冠大小 4.8cm×4.7cm，花瓣色泽淡绿色，花瓣质地中，花瓣数 7 枚，子房有茸毛，花柱长 1.4cm，柱头 3 裂，花柱裂位高，雌雄蕊高比等高。果实形状肾形，果实大小 3.1cm×2.2cm，果皮厚 0.18cm，种子形状球形，种径大小 1.55cm×1.63cm，种皮色泽棕褐色，百粒重 230.0g。春茶一芽二叶蒸青样水浸出物 47.81%，咖啡碱 3.75%，茶多酚 21.41%，氨基酸 2.20%，酚氨比值 9.73。

177. 茶种质 FMY091—24

由云南省农业科学院茶叶研究所以福鼎大白茶（♀）×蚂蚁茶（♂）为亲本，从杂交 F1 中单株选择出种质资源材料。

小乔木，树姿半开展。发芽密度稀，芽叶色泽黄绿色，芽叶茸毛特多，春茶一芽一叶期 2 月 28 日（2 月 25 日至 3 月 2 日），一芽二叶期 3 月 7 日（3 月 5 日至 3 月 9 日），一芽三叶长 7.86cm，芽长 3.10cm，一芽三叶百芽重 86.40g。叶片稍上斜着生，叶长 15.52cm，叶宽 6.08cm，叶面积 66.06cm²，特大叶，叶长宽比 2.56，叶长椭圆形，叶脉 14 对，叶色黄绿色，叶面隆起，叶身内折，叶质中，叶齿锐度锐，叶齿密度密，叶齿深度深，叶基楔形，叶尖渐尖，叶缘波。盛花期 9 月中旬，萼片 5 枚，花萼色泽绿色，花萼有茸毛，花冠大小 4.9cm×5.0cm，花瓣色泽白色，花瓣质地中，花瓣数 7 枚，子房有茸毛，花柱长 1.5cm，柱头 3 裂，花柱裂位中，雌雄蕊高比等高。果实形状肾形，果实大小 2.5cm×2.0cm，果皮厚 0.16cm，种子形状球形，种径大小 1.55cm×1.61cm，种皮色泽棕色，百粒重 205g。春茶一芽二叶蒸青样水浸出物 43.63 %，咖啡碱 3.85 %，茶多酚 17.97 %，氨基酸 2.34 %，酚氨比值 7.68。

178. 茶种质 FMY091—25

   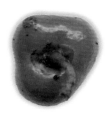

　　由云南省农业科学院茶叶研究所以福鼎大白茶（♀）×蚂蚁茶（♂）为亲本，从杂交F1中单株选择出种质资源材料。

　　小乔木，树姿半开展。发芽密度稀，芽叶色泽黄绿色，芽叶茸毛多，春茶一芽一叶期3月17日（3月13日至3月21日），一芽二叶期3月28日（3月24日至4月1日），一芽三叶长9.66cm，芽长3.46cm，一芽三叶百芽重108.40g。叶片稍上斜着生，叶长15.30cm，叶宽5.24cm，叶面积56.13cm²，大叶，叶长宽比2.92，叶长椭圆形，叶脉14对，叶色黄绿色，叶面微隆，叶身内折，叶质中，叶齿锐度中，叶齿密度中，叶齿深度中，叶基楔形，叶尖渐尖，叶缘波。盛花期9月下旬，萼片5枚，花萼色泽绿色，花萼有茸毛，花冠大小4.9cm×4.3cm，花瓣色泽白色，花瓣质地中，花瓣数7枚，子房有茸毛，花柱长1.4cm，柱头3裂，花柱裂位中，雌雄蕊高比等高。果实形状三角形，果实大小2.3cm×1.9cm，果皮厚0.11cm，种子形状球形，种径大小1.48cm×1.46cm，种皮色泽棕褐色，百粒重190g。春茶一芽二叶蒸青样水浸出物40.27%，咖啡碱3.88%，茶多酚22.06%，氨基酸1.77%，酚氨比值12.46。

179. 茶种质 FMY091—26

由云南省农业科学院茶叶研究所以福鼎大白茶（♀）×蚂蚁茶（♂）为亲本，从杂交F1中单株选择出种质资源材料。

小乔木，树姿半开展。发芽密度稀，芽叶色泽黄绿色，芽叶茸毛多，春茶一芽一叶期3月14日（3月12日至3月16日），一芽二叶期3月17日（3月15日至3月19日），一芽三叶长8.32cm，芽长3.20cm，一芽三叶百芽重97.80g。叶片稍上斜着生，叶长17.00cm，叶宽6.12cm，叶面积72.83cm^2，特大叶，叶长宽比2.78，叶长椭圆形，叶脉13对，叶色黄绿色，叶面隆起，叶身内折，叶质中，叶齿锐度锐，叶齿密度密，叶齿深度中，叶基楔形，叶尖渐尖，叶缘波。盛花期9月下旬，萼片5枚，花萼色泽绿色，花萼有茸毛，花冠大小4.5cm×4.7cm，花瓣色泽白色，花瓣质地中，花瓣数7枚，子房有茸毛，花柱长1.3cm，柱头3裂，花柱裂位中，雌雄蕊高比等高。果实形状肾形，果实大小3.1cm×1.7cm，果皮厚0.14cm，种子形状球形，种径大小1.55cm×1.53cm，种皮色泽褐色，百粒重200g。春茶一芽二叶蒸青样水浸出物46.94%，咖啡碱3.33%，茶多酚20.55%，氨基酸2.12%，酚氨比值9.69。

180. 茶种质 FMY091—27

由云南省农业科学院茶叶研究所以福鼎大白茶（♀）×蚂蚁茶（♂）为亲本，从杂交F1中单株选择出种质资源材料。

小乔木，树姿直立。发芽密度稀，芽叶色泽黄绿色，芽叶茸毛多，春茶一芽一叶期3月17日（3月15日至3月19日），一芽二叶期3月21日（3月18日至3月24日），一芽三叶长9.38cm，芽长3.68cm，一芽三叶百芽重111.20g。叶片稍上斜着生，叶长15.44cm，叶宽6.16cm，叶面积66.58cm^2，特大叶，叶长宽比2.51，叶长椭圆形，叶脉13对，叶色黄绿色，叶面隆起，叶身内折，叶质中，叶齿锐度中，叶齿密度密，叶齿深度中，叶基楔形，叶尖渐尖，叶缘微波。盛花期9月中旬，萼片5枚，花萼色泽绿色，花萼有茸毛，花冠大小5.0cm×4.6cm，花瓣色泽淡绿色，花瓣质地中，花瓣数8枚，子房有茸毛，花柱长1.5cm，柱头4裂，花柱裂位高，雌雄蕊高比等高。果实形状三角形，果实大小2.4cm×2.2cm，果皮厚0.13cm，种子形状球形，种径大小1.51cm×1.52cm，种皮色泽棕褐色，百粒重207g。春茶一芽二叶蒸青样水浸出物49.35％，咖啡碱4.34％，茶多酚21.46％，氨基酸2.04％，酚氨比值10.52。

181. 茶种质 FMY091—28

由云南省农业科学院茶叶研究所以福鼎大白茶（♀）×蚂蚁茶（♂）为亲本，从杂交 F1 中单株选择出种质资源材料。

小乔木，树姿直立。发芽密度稀，芽叶色泽黄绿色，芽叶茸毛多，春茶一芽一叶期 3 月 14 日（3 月 11 日至 3 月 17 日），一芽二叶期 3 月 21 日（3 月 18 日至 3 月 24 日），一芽三叶长 8.06cm，芽长 2.92cm，一芽三叶百芽重 83.20g。叶片稍上斜着生，叶长 13.72cm，叶宽 5.36cm，叶面积 51.48cm^2，大叶，叶长宽比 2.56，叶长椭圆形，叶脉 12 对，叶色黄绿色，叶面微隆，叶身内折，叶质中，叶齿锐度锐，叶齿密度密，叶齿深度中，叶基楔形，叶尖渐尖，叶缘波。盛花期 9 月中旬，萼片 5 枚，花萼色泽绿色，花萼有茸毛，花冠大小 4.0cm×4.2cm，花瓣色泽白色，花瓣质地中，花瓣数 8 枚，子房有茸毛，花柱长 1.3cm，柱头 3 裂，花柱裂位高，雌雄蕊高比低。果实形状肾形，果实大小 2.6cm×1.9cm，果皮厚 0.16cm，种子形状球形，种径大小 1.58cm×1.60cm，种皮色泽棕褐色，百粒重 197g。春茶一芽二叶蒸青样水浸出物 48.45％，咖啡碱 3.40％，茶多酚 24.60％，氨基酸 1.54％，酚氨比值 15.97。

182. 茶种质 FMY091—29

　　由云南省农业科学院茶叶研究所以福鼎大白茶（♀）×蚂蚁茶（♂）为亲本，从杂交 F1 中单株选择出种质资源材料。

　　小乔木，树姿半开展。发芽密度稀，芽叶色泽黄绿色，芽叶茸毛特多，春茶一芽一叶期 3 月 7 日（3 月 4 日至 3 月 10 日），一芽二叶期 3 月 9 日（3 月 6 日至 3 月 12 日），一芽三叶长 8.96cm，芽长 3.12cm，一芽三叶百芽重 103.60g。叶片稍上斜着生，叶长 16.02cm，叶宽 6.70cm，叶面积 75.14cm^2，特大叶，叶长宽比 2.40，叶椭圆形，叶脉 15 对，叶色绿色，叶面隆起，叶身内折，叶质中，叶齿锐度锐，叶齿密度密，叶齿深度中，叶基楔形，叶尖渐尖，叶缘微波。盛花期 9 月中旬，萼片 5 枚，花萼色泽绿色，花萼有茸毛，花冠大小 4.4cm×4.3cm，花瓣色泽白色，花瓣质地中，花瓣数 7 枚，子房有茸毛，花柱长 1.30cm，柱头 3 裂，花柱裂位高，雌雄蕊高比等高。果实形状三角形，果实大小 2.5cm×2.2cm，果皮厚 0.13cm，种子形状球形，种径大小 1.52cm×1.51cm，种皮色泽棕褐色，百粒重 215g。春茶一芽二叶蒸青样水浸出物 46.94 ％，咖啡碱 3.66 ％，茶多酚 20.97 ％，氨基酸 2.08 ％，酚氨比值 10.08。

183. 茶种质 FMY091—30

　　由云南省农业科学院茶叶研究所以福鼎大白茶（♀）×蚂蚁茶（♂）为亲本，从杂交 F1 中单株选择出种质资源材料。

　　小乔木，树姿直立。发芽密度稀，芽叶色泽黄绿色，芽叶茸毛多，春茶一芽一叶期 3月 7日（3月 4日至 3月 10日），一芽二叶期 3月 9日（3月 6日至 3月 12日），一芽三叶长 7.48cm，芽长 2.90cm，一芽三叶百芽重 74.60g。叶片上斜着生，叶长 15.74cm，叶宽 6.24cm，叶面积 68.76cm²，特大叶，叶长宽比 2.53，叶长椭圆形，叶脉 14 对，叶色绿色，叶面隆起，叶身内折，叶质中，叶齿锐度锐，叶齿密度密，叶齿深度中，叶基楔形，叶尖渐尖，叶缘平。盛花期 9月下旬，萼片 5枚，花萼色泽绿色，花萼有茸毛，花冠大小 4.4cm×3.9cm，花瓣色泽白色，花瓣质地中，花瓣数 7枚，子房有茸毛，花柱长 1.3m，柱头 3裂，花柱裂位中，雌雄蕊高比低。果实形状三角形，果实大小 3.5cm×2.5cm，果皮厚 0.12cm，种子形状球形，种径大小 1.49cm×1.52cm，种皮色泽棕褐色，百粒重 209g。春茶一芽二叶蒸青样水浸出物 44.62％，咖啡碱 3.08％，茶多酚 24.39％，氨基酸 1.36％，酚氨比值 17.93。

184. 茶种质 FMY091—31

　　由云南省农业科学院茶叶研究所以福鼎大白茶（♀）×蚂蚁茶（♂）为亲本，从杂交 F1 中单株选择出种质资源材料。

　　小乔木，树姿半开展。发芽密度稀，芽叶色泽黄绿色，芽叶茸毛多，春茶一芽一叶期3月7日（3月4日至3月10日），一芽二叶期3月9日（3月6日至3月12日），一芽三叶长8.14cm，芽长3.42cm，一芽三叶百芽重101.00g。叶片稍上斜着生，叶长15.58cm，叶宽6.08cm，叶面积66.32cm²，特大叶，叶长宽比2.57，叶长椭圆形，叶脉15对，叶色黄绿色，叶面微隆，叶身内折，叶质中，叶齿锐度锐，叶齿密度密，叶齿深度中，叶基楔形，叶尖渐尖，叶缘波。盛花期9月中旬，萼片5枚，花萼色泽绿色，花萼有茸毛，花冠大小4.9cm×5.0cm，花瓣色泽白色，花瓣质地中，花瓣数8枚，子房有茸毛，花柱长1.3cm，柱头3裂，花柱裂位高，雌雄蕊高比低。果实形状三角形，果实大小2.4cm×1.8cm，果皮厚0.12cm，种子形状球形，种径大小1.46cm×1.48cm，种皮色泽棕褐色，百粒重192g。春茶一芽二叶蒸青样水浸出物47.71％，咖啡碱3.82％，茶多酚21.45％，氨基酸1.87％，酚氨比值11.47。

185. 茶种质 FMY091—32

　　由云南省农业科学院茶叶研究所以福鼎大白茶（♀）×蚂蚁茶（♂）为亲本，从杂交 F1 中单株选择出种质资源材料。

　　小乔木，树姿直立。发芽密度稀，芽叶色泽黄绿色，芽叶茸毛多，春茶一芽一叶期 2 月 28 日（2 月 25 日至 3 月 2 日），一芽二叶期 3 月 7 日（3 月 5 日至 3 月 9 日），一芽三叶长 6.74cm，芽长 3.28cm，一芽三叶百芽重 76.40g。叶片稍上斜着生，叶长 13.20cm，叶宽 5.36cm，叶面积 49.54cm²，大叶，叶长宽比 2.47，叶椭圆形，叶脉 12 对，叶色黄绿色，叶面微隆，叶身内折，叶质中，叶齿锐度锐，叶齿密度密，叶齿深度深，叶基楔形，叶尖渐尖，叶缘波。盛花期 9 月下旬，萼片 5 枚，花萼色泽绿色，花萼有茸毛，花冠大小 4.6cm×3.7cm，花瓣色泽白色，花瓣质地中，花瓣数 6 枚，子房有茸毛，花柱长 1.5cm，柱头 3 裂，花柱裂位高，雌雄蕊高比等高。果实形状球形，果实大小 1.7cm×1.7cm，果皮厚 0.14cm，种子形状球形，种径大小 1.50cm×1.80cm，种皮色泽棕褐色，百粒重 250g。春茶一芽二叶蒸青样水浸出物 41.97 %，咖啡碱 3.90 %，茶多酚 20.30 %，氨基酸 1.70 %，酚氨比值 11.97。

186. 茶种质 FMY091—33

由云南省农业科学院茶叶研究所以福鼎大白茶（♀）×蚂蚁茶（♂）为亲本，从杂交 F1 中单株选择出种质资源材料。

小乔木，树姿直立。发芽密度稀，芽叶色泽黄绿色，芽叶茸毛多，春茶一芽一叶期 2 月 28 日（2 月 25 日至 3 月 2 日），一芽二叶期 3 月 7 日（3 月 5 日至 3 月 9 日），一芽三叶长 7.46cm，芽长 3.12cm，一芽三叶百芽重 83.20g。叶片稍上斜着生，叶长 14.08cm，叶宽 5.38cm，叶面积 53.03cm²，大叶，叶长宽比 2.62，叶长椭圆形，叶脉 13 对，叶色黄绿色，叶面微隆，叶身内折，叶质中，叶齿锐度锐，叶齿密度密，叶齿深度中，叶基楔形，叶尖渐尖，叶缘微波。盛花期 9 月中旬，萼片 5 枚，花萼色泽绿色，花萼有茸毛，花冠大小 4.7cm×4.4cm，花瓣色泽白色，花瓣质地中，花瓣数 7 枚，子房有茸毛，花柱长 1.2cm，柱头 3 裂，花柱裂位低，雌雄蕊高比低。果实形状三角形，果实大小 2.4cm×2.3cm，果皮厚 0.11cm，种子形状球形，种径大小 1.49cm×1.50cm，种皮色泽棕褐色，百粒重 196g。春茶一芽二叶蒸青样水浸出物 40.28%，咖啡碱 3.33%，茶多酚 19.82%，氨基酸 2.18%，酚氨比值 9.09。

187. 茶种质 FMY091—34

由云南省农业科学院茶叶研究所以福鼎大白茶（♀）×蚂蚁茶（♂）为亲本，从杂交F1中单株选择出种质资源材料。

乔木，树姿半开展。发芽密度中，芽叶色泽黄绿色，芽叶茸毛多，春茶一芽一叶期2月28日（2月25日至3月2日），一芽二叶期3月2日（2月28日至3月5日），一芽三叶长6.48cm，芽长3.12cm，一芽三叶百芽重99.20g。叶片上斜着生，叶长15.24cm，叶宽5.64cm，叶面积60.18cm²，特大叶，叶长宽比2.71，叶长椭圆形，叶脉11对，叶色黄绿色，叶面隆起，叶身内折，叶质中，叶齿锐度锐，叶齿密度中，叶齿深度中，叶基楔形，叶尖渐尖，叶缘微波。盛花期9月中旬，萼片5枚，花萼色泽绿色，花萼有茸毛，花冠大小5.2cm×5.1cm，花瓣色泽白色，花瓣质地中，花瓣数7枚，子房有茸毛，花柱长1.5cm，柱头3裂，花柱裂位高，雌雄蕊高比低。果实形状肾形，果实大小2.8cm×2.0cm，果皮厚0.11cm，种子形状球形，种径大小1.62cm×1.57cm，种皮色泽棕褐色，百粒重193.7g。春茶一芽二叶蒸青样水浸出物49.60％，咖啡碱3.55％，茶多酚18.46％，氨基酸2.54％，酚氨比值7.27。

188. 茶种质 FMY091—36

由云南省农业科学院茶叶研究所以福鼎大白茶（♀）×蚂蚁茶（♂）为亲本，从杂交 F1 中单株选择出种质资源材料。

小乔木，树姿直立。发芽密度稀，芽叶色泽黄绿色，芽叶茸毛多，春茶一芽一叶期 2 月 18 日（2 月 16 日至 2 月 20 日），一芽二叶期 2 月 23 日（2 月 20 日至 2 月 26 日），一芽三叶长 5.88cm，芽长 2.46cm，一芽三叶百芽重 91.20g。叶片上斜着生，叶长 15.74cm，叶宽 6.06cm，叶面积 66.78cm²，特大叶，叶长宽比 2.60，叶长椭圆形，叶脉 12 对，叶色黄绿色，叶面微隆，叶身内折，叶质中，叶齿锐度锐，叶齿密度中，叶齿深度中，叶基楔形，叶尖渐尖，叶缘波。盛花期 9 月下旬，萼片 5 枚，花萼色泽绿色，花萼有茸毛，花冠大小 5.0cm×5.1cm，花瓣色泽白色，花瓣质地中，花瓣数 7 枚，子房有茸毛，花柱长 1.6cm，柱头 3 裂，花柱裂位高，雌雄蕊高比等高。果实形状肾形，果实大小 2.2cm×1.8cm，果皮厚 0.12cm，种子形状球形，种径大小 1.51cm×1.49cm，种皮色泽棕褐色，百粒重 200g。春茶一芽二叶蒸青样水浸出物 44.65 %，咖啡碱 3.45 %，茶多酚 19.09 %，氨基酸 3.07 %，酚氨比值 6.22。

189. 茶种质 FMY091—37

由云南省农业科学院茶叶研究所以福鼎大白茶（♀）×蚂蚁茶（♂）为亲本，从杂交 F1 中单株选择出种质资源材料。

小乔木，树姿半开展。发芽密度稀，芽叶色泽黄绿色，芽叶茸毛多，春茶一芽一叶期 2 月 28 日（2 月 25 日至 3 月 2 日），一芽二叶期 3 月 2 日（2 月 28 日至 3 月 5 日），一芽三叶长 7.80cm，芽长 3.44cm，一芽三叶百芽重 107.20g。叶片上斜着生，叶长 15.82cm，叶宽 5.66cm，叶面积 62.69cm²，特大叶，叶长宽比 2.80，叶长椭圆形，叶脉 13 对，叶色黄绿色，叶面微隆，叶身内折，叶质中，叶齿锐度中，叶齿密度密，叶齿深度中，叶基楔形，叶尖渐尖，叶缘波。盛花期 9 月中旬，萼片 5 枚，花萼色泽绿色，花萼有茸毛，花冠大小 5.4cm×5.1cm，花瓣色泽白色，花瓣质地中，花瓣数 8 枚，子房有茸毛，花柱长 1.8cm，柱头 3 裂，花柱裂位高，雌雄蕊高比等高。果实形状肾形，果实大小 3.7cm×2.6cm，果皮厚 0.13cm，种子形状球形，种径大小 1.75cm×1.86cm，种皮色泽棕褐色，百粒重 272.0g。春茶一芽二叶蒸青样水浸出物 43.69 ％，咖啡碱 3.61 ％，茶多酚 19.62 ％，氨基酸 2.81 ％，酚氨比值 6.98。

190. 茶种质 FMY092—1

由云南省农业科学院茶叶研究所以福鼎大白茶（♀）×蚂蚁茶（♂）为亲本，从杂交 F1 中单株选择出种质资源材料。

小乔木，树姿半开展。发芽密度稀，芽叶色泽黄绿色，芽叶茸毛多，春茶一芽一叶期 3 月 7 日（3 月 4 日至 3 月 10 日），一芽二叶期 3 月 9 日（3 月 6 日至 3 月 12 日），一芽三叶长 7.58cm，芽长 3.14cm，一芽三叶百芽重 98.60g。叶片上斜着生，叶长 15.64cm，叶宽 5.98cm，叶面积 65.48cm²，特大叶，叶长宽比 2.62，叶长椭圆形，叶脉 14 对，叶色黄绿色，叶面微隆，叶身内折，叶质中，叶齿锐度中，叶齿密度中，叶齿深度深，叶基楔形，叶尖渐尖，叶缘波。盛花期 9 月下旬，萼片 5 枚，花萼色泽绿色，花萼有茸毛，花冠大小 4.9cm×4.8cm，花瓣色泽白色，花瓣质地中，花瓣数 8 枚，子房有茸毛，花柱长 1.4cm，柱头 3 裂，花柱裂位高，雌雄蕊高比等高。果实形状球形，果实大小 2.0cm×2.0cm，果皮厚 0.16cm，种子形状球形，种径大小 1.88cm×1.71cm，种皮色泽棕褐色，百粒重 265.0g。春茶一芽二叶蒸青样水浸出物 40.69 %，咖啡碱 3.99 %，茶多酚 21.27 %，氨基酸 1.98 %，酚氨比值 10.74。

191. 茶种质 FMY092—2

由云南省农业科学院茶叶研究所以福鼎大白茶（♀）×蚂蚁茶（♂）为亲本，从杂交 F1 中单株选择出种质资源材料。

小乔木，树姿半开展。发芽密度稀，芽叶色泽黄绿色，芽叶茸毛多，春茶一芽一叶期 2 月 28 日（2 月 25 日至 3 月 2 日），一芽二叶期 3 月 7 日（3 月 5 日至 3 月 9 日），一芽三叶长 6.46cm，芽长 3.16cm，一芽三叶百芽重 80.60g。叶片上斜着生，叶长 14.40cm，叶宽 6.14cm，叶面积 61.90cm²，特大叶，叶长宽比 2.35，叶椭圆形，叶脉 14 对，叶色黄绿色，叶面微隆，叶身内折，叶质中，叶齿锐度中，叶齿密度中，叶齿深度深，叶基楔形，叶尖渐尖，叶缘微波。盛花期 9 月下旬，萼片 5 枚，花萼色泽绿色，花萼有茸毛，花冠大小 4.4cm×4.5cm，花瓣色泽白色，花瓣质地中，花瓣数 8 枚，子房有茸毛，花柱长 1.3cm，柱头 3 裂，花柱裂位中，雌雄蕊高比低。果实形状球形，果实大小 2.0cm×2.0cm，果皮厚 0.14cm，种子形状球形，种径大小 1.87cm×1.72cm，种皮色泽棕褐色，百粒重 262g。春茶一芽二叶蒸青样水浸出物 46.04%，咖啡碱 3.75%，茶多酚 18.50%，氨基酸 2.64%，酚氨比值 7.01。

192. 茶种质 FMY092—3

由云南省农业科学院茶叶研究所以福鼎大白茶（♀）×蚂蚁茶（♂）为亲本，从杂交F1中单株选择出种质资源材料。

小乔木，树姿半开展。发芽密度稀，芽叶色泽黄绿色，芽叶茸毛多，春茶一芽一叶期3月9日（3月6日至3月12日），一芽二叶期3月14日（3月11日至3月17日），一芽三叶长6.78cm，芽长2.92cm，一芽三叶百芽重88.40g。叶片稍上斜着生，叶长13.88cm，叶宽5.52cm，叶面积53.64cm²，大叶，叶长宽比2.52，叶长椭圆形，叶脉13对，叶色黄绿色，叶面隆起，叶身内折，叶质中，叶齿锐度中，叶齿密度中，叶齿深度中，叶基楔形，叶尖渐尖，叶缘微波。盛花期9月中旬，萼片5枚，花萼色泽绿色，花萼有茸毛，花冠大小5.4cm×4.9cm，花瓣色泽白色，花瓣质地中，花瓣数7枚，子房有茸毛，花柱长1.6cm，柱头3裂，花柱裂位高，雌雄蕊高比等高。果实形状三角形，果实大小2.4cm×2.1cm，果皮厚0.11cm，种子形状球形，种径大小1.8cm×1.77cm，种皮色泽棕褐色，百粒重220g。春茶一芽二叶蒸青样水浸出物40.71％，咖啡碱3.02％，茶多酚19.41％，氨基酸2.54％，酚氨比值7.64。

193. 茶种质 FMY092—4

由云南省农业科学院茶叶研究所以福鼎大白茶（♀）×蚂蚁茶（♂）为亲本，从杂交 F1 中单株选择出种质资源材料。

小乔木，树姿直立。发芽密度稀，芽叶色泽黄绿色，芽叶茸毛多，春茶一芽一叶期 2 月 18 日（2 月 16 日至 2 月 20 日），一芽二叶期 2 月 28 日（2 月 25 日至 3 月 2 日），一芽三叶长 5.32cm，芽长 2.44cm，一芽三叶百芽重 64.40g。叶片上斜着生，叶长 14.58cm，叶宽 5.38cm，叶面积 54.91cm^2，大叶，叶长宽比 2.71，叶长椭圆形，叶脉 13 对，叶色黄绿色，叶面平，叶身内折，叶质中，叶齿锐度锐，叶齿密度密，叶齿深度深，叶基楔形，叶尖渐尖，叶缘微波。盛花期 9 月下旬，萼片 5 枚，花萼色泽绿色，花萼有茸毛，花冠大小 5.3cm×4.9cm，花瓣色泽白色，花瓣质地中，花瓣数 9 枚，子房有茸毛，花柱长 1.5cm，柱头 3 裂，花柱裂位高，雌雄蕊高比低。果实形状肾形，果实大小 2.5cm×2.0cm，果皮厚 0.10cm，种子形状球形，种径大小 1.83cm×1.77cm，种皮色泽棕褐色，百粒重 120g。春茶一芽二叶蒸青样水浸出物 46.23%，咖啡碱 3.42%，茶多酚 20.09%，氨基酸 1.51%，酚氨比值 13.30。

194. 茶种质 FMY092—5

　　由云南省农业科学院茶叶研究所以福鼎大白茶（♀）× 蚂蚁茶（♂）为亲本，从杂交 F1 中单株选择出种质资源材料。

　　小乔木，树姿半开展。发芽密度稀，芽叶色泽黄绿色，芽叶茸毛多，春茶一芽一叶期 2 月 28 日（2 月 25 日至 3 月 2 日），一芽二叶期 3 月 7 日（3 月 5 日至 3 月 9 日），一芽三叶长 8.58cm，芽长 3.66cm，一芽三叶百芽重 96.60g。叶片上斜着生，叶长 15.70cm，叶宽 5.90cm，叶面积 64.85cm²，特大叶，叶长宽比 2.67，叶长椭圆形，叶脉 15 对，叶色黄绿色，叶面微隆，叶身内折，叶质中，叶齿锐度锐，叶齿密度密，叶齿深度中，叶基楔形，叶尖渐尖，叶缘微波。盛花期 9 月下旬，萼片 5 枚，花萼色泽绿色，花萼有茸毛，花冠大小 5.4cm×4.6cm，花瓣色泽白色，花瓣质地中，花瓣数 6 枚，子房有茸毛，花柱长 1.5cm，柱头 3 裂，花柱裂位高，雌雄蕊高比低。果实形状肾形，果实大小 2.6cm×1.9cm，果皮厚 0.12cm，种子形状球形，种径大小 1.41cm×1.39cm，种皮色泽棕褐色，百粒重 140g。春茶一芽二叶蒸青样水浸出物 49.57 %，咖啡碱 3.61 %，茶多酚 22.61 %，氨基酸 1.88 %，酚氨比值 12.03。

195. 茶种质 FMY092—6

由云南省农业科学院茶叶研究所以福鼎大白茶（♀）× 蚂蚁茶（♂）为亲本，从杂交 F1 中单株选择出种质资源材料。

小乔木，树姿直立。发芽密度稀，芽叶色泽黄绿色，芽叶茸毛多，春茶一芽一叶期 3 月 2 日（2 月 28 日至 3 月 5 日），一芽二叶期 3 月 7 日（3 月 5 日至 3 月 9 日），一芽三叶长 4.98cm，芽长 2.50cm，一芽三叶百芽重 65.20g。叶片上斜着生，叶长 15.08cm，叶宽 6.70cm，叶面积 70.73cm^2，特大叶，叶长宽比 2.25，叶椭圆形，叶脉 15 对，叶色黄绿色，叶面隆起，叶身内折，叶质中，叶齿锐度中，叶齿密度密，叶齿深度深，叶基楔形，叶尖渐尖，叶缘微波。

盛花期 9 月中旬，萼片 5 枚，花萼色泽绿色，花萼有茸毛，花冠大小 5.1cm×4.9cm，花瓣色泽白色，花瓣质地中，花瓣数 8 枚，子房有茸毛，花柱长 1.6cm，柱头 3 裂，花柱裂位高，雌雄蕊高比等高。果实形状肾形，果实大小 2.7cm×2.0cm，果皮厚 0.11cm，种子形状球形，种径大小 1.50cm×1.57cm，种皮色泽棕褐色，百粒重 75g。春茶一芽二叶蒸青样水浸出物 49.86 %，咖啡碱 3.90 %，茶多酚 20.63 %，氨基酸 2.00 %，酚氨比值 10.32。

196. 茶种质 FMY092—7

由云南省农业科学院茶叶研究所以福鼎大白茶（♀）× 蚂蚁茶（♂）为亲本，从杂交 F1 中单株选择出种质资源材料。

小乔木，树姿直立。发芽密度中，芽叶色泽黄绿色，芽叶茸毛多，春茶一芽一叶期 3 月 7 日（3 月 4 日至 3 月 10 日），一芽二叶期 3 月 9 日（3 月 6 日至 3 月 12 日），一芽三叶长 6.34cm，芽长 3.08cm，一芽三叶百芽重 79.20g。叶片上斜着生，叶长 15.46cm，叶宽 6.28cm，叶面积 67.97cm^2，特大叶，叶长宽比 2.47，叶椭圆形，叶脉 14 对，叶色绿色，叶面隆起，叶身内折，叶质中，叶齿锐度中，叶齿密度密，叶齿深度中，叶基楔形，叶尖渐尖，叶缘波。盛花期 11 月上旬，萼片 5 枚，花萼色泽绿色，花萼有茸毛，花冠大小 5.3cm×5.2cm，花瓣色泽白色，花瓣质地中，花瓣数 8 枚，子房有茸毛，花柱长 1.2cm，柱头 3 裂，花柱裂位高，雌雄蕊高比等高。果实形状肾形，果实大小 2.5cm×2.1cm，果皮厚 0.1cm，种子形状球形，种径大小 1.84cm×1.74cm，种皮色泽棕褐色，百粒重 100g。春茶一芽二叶蒸青样水浸出物 42.68%，咖啡碱 3.50%，茶多酚 22.15%，氨基酸 2.27%，酚氨比值 9.76。

197. 茶种质 FMY092—8

　　由云南省农业科学院茶叶研究所以福鼎大白茶（♀）×蚂蚁茶（♂）为亲本，从杂交 F1 中单株选择出种质资源材料。

　　小乔木，树姿半开展。发芽密度稀，芽叶色泽黄绿色，芽叶茸毛多，春茶一芽一叶期 2 月 28 日（2 月 25 日至 3 月 2 日），一芽二叶期 3 月 2 日（2 月 28 日至 3 月 5 日），一芽三叶长 5.80cm，芽长 2.52cm，一芽三叶百芽重 76.60g。叶片稍上斜着生，叶长 13.44cm，叶宽 5.60cm，叶面积 52.69cm^2，大叶，叶长宽比 2.40，叶椭圆形，叶脉 13 对，叶色黄绿色，叶面隆起，叶身内折，叶质中，叶齿锐度中，叶齿密度中，叶齿深度中，叶基楔形，叶尖渐尖，叶缘平。盛花期 9 月下旬，萼片 5 枚，花萼色泽绿色，花萼有茸毛，花冠大小 5.1cm×4.7cm，花瓣色泽白色，花瓣质地中，花瓣数 7 枚，子房有茸毛，花柱长 1.2cm，柱头 3 裂，花柱裂位高，雌雄蕊高比低。果实形状球形，果实大小 2.3cm×1.8cm，果皮厚 0.14cm，种子形状球形，种径大小 1.64cm×1.55cm，种皮色泽棕褐色，百粒重 120g。春茶一芽二叶蒸青样水浸出物 49.35 ％，咖啡碱 3.59 ％，茶多酚 21.20 ％，氨基酸 1.45 ％，酚氨比值 14.62。

198. 茶种质 FCH092—10

由云南省农业科学院茶叶研究所以福鼎大白茶（♀）×翠华茶（♂）为亲本，从杂交 F1 中单株选择出特异种质资源材料。

小乔木，树姿直立。发芽密度稀，芽叶色泽黄绿色，芽叶茸毛多，新梢叶柄基部花青苷显色。春茶一芽一叶期 2 月 23 日（2 月 21 日至 3 月 25 日），一芽二叶期 2 月 28 日（2 月 25 日至 3 月 2 日），一芽三叶长 4.72cm，芽长 2.26cm，一芽三叶百芽重 52.00g。叶片上斜着生，叶长 11.66cm，叶宽 4.64cm，叶面积 37.88cm²，中叶，叶长宽比 2.52，叶长椭圆形，叶脉 12 对，叶色黄绿色，叶面微隆，叶身内折，叶质中，叶齿锐度锐，叶齿密度密，叶齿深度中，叶基楔形，叶尖渐尖，叶缘微波。盛花期 10 月上旬，萼片 5 枚，花萼色泽绿色，花萼有茸毛，花冠大小 5.3cm×4.7cm，花瓣色泽白色，花瓣质地中，花瓣数 7 枚，子房有茸毛，花柱长 1.6cm，柱头 3 裂，花柱裂位中，雌雄蕊高比等高。果实形状球形，果实大小 1.7cm×1.9cm，果皮厚 0.14cm，种子形状球形，种径大小 1.53cm×1.66cm，种皮色泽棕色，百粒重 208g。春茶一芽二叶蒸青样水浸出物 48.56％，咖啡碱 4.28％，茶多酚 21.15％，氨基酸 2.30％，酚氨比值 9.20。

199. 茶种质 FCH092—11

由云南省农业科学院茶叶研究所以福鼎大白茶（♀）×翠华茶（♂）为亲本，从杂交 F1 中单株选择出种质资源材料。

小乔木，树姿直立。发芽密度稀，芽叶色泽黄绿色，芽叶茸毛多，春茶一芽一叶期 2 月 23 日（2 月 21 日至 3 月 25 日），一芽二叶期 2 月 28 日（2 月 25 日至 3 月 2 日），一芽三叶长 6.24cm，芽长 2.62cm，一芽三叶百芽重 65.00g。叶片稍上斜着生，叶长 12.78cm，叶宽 5.94cm，叶面积 53.15cm^2，大叶，叶长宽比 2.16，叶椭圆形，叶脉 12 对，叶色黄绿色，叶面隆起，叶身内折，叶质中，叶齿锐度中，叶齿密度中，叶齿深度中，叶基楔形，叶尖渐尖，叶缘平。盛花期 9 月下旬，萼片 5 枚，花萼色泽绿色，花萼有茸毛，花冠大小 4.7cm×4.5cm，花瓣色泽白色，花瓣质地中，花瓣数 8 枚，子房有茸毛，花柱长 1.5cm，柱头 3 裂，花柱裂位高，雌雄蕊高比等高。果实形状球形，果实大小 2.0cm×1.7cm，果皮厚 0.08cm，种子形状球形，种径大小 1.61cm×1.59cm，种皮色泽棕褐色，百粒重 186.7g。春茶一芽二叶蒸青样水浸出物 48.56%，咖啡碱 3.57%，茶多酚 19.39%，氨基酸 2.18%，酚氨比值 8.89。

200. 茶种质 FCH092—12

　　由云南省农业科学院茶叶研究所以福鼎大白茶（♀）× 翠华茶（♂）为亲本，从杂交 F1 中单株选择出的特异种质资源材料。

　　小乔木，树姿半开展。发芽密度中，芽叶色泽黄绿色，芽叶茸毛特多，新梢叶柄基部花青苷显色。春茶一芽一叶期 2 月 28 日（2 月 25 日至 3 月 2 日），一芽二叶期 3 月 2 日（2 月 28 日至 3 月 5 日），一芽三叶长 6.94cm，芽长 3.08cm，一芽三叶百芽重 85.00g。叶片上斜着生，叶长 13.12cm，叶宽 5.64cm，叶面积 51.80cm²，大叶，叶长宽比 2.33，叶椭圆形，叶脉 13 对，叶色黄绿色，叶面隆起，叶身内折，叶质中，叶齿锐度锐，叶齿密度密，叶齿深度中，叶基楔形，叶尖渐尖，叶缘平。盛花期 9 月中旬，萼片 5 枚，花萼色泽绿色，花萼有茸毛，花冠大小 3.9cm×3.9cm，花瓣色泽白色，花瓣质地中，花瓣数 6 枚，子房有茸毛，花柱长 1.3cm，柱头 3 裂，花柱裂位高，雌雄蕊高比等高。果实形状肾形，果实大小 3.2cm×2.1cm，果皮厚 0.13cm，种子形状球形，种径大小 1.66cm×1.81cm，种皮色泽棕褐色，百粒重 336g。春茶一芽二叶蒸青样水浸出物 46.09 ％，咖啡碱 3.84 ％，茶多酚 18.99 ％，氨基酸 3.14 ％，酚氨比值 6.05。

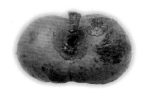

201. 茶种质 FCH092—13

由云南省农业科学院茶叶研究所以福鼎大白茶（♀）× 翠华茶（♂）为亲本，从杂交 F1 中单株选择出种质资源材料。

小乔木，树姿直立。发芽密度中，芽叶色泽黄绿色，芽叶茸毛多，春茶一芽一叶期 2 月 28 日（2 月 25 日至 3 月 2 日），一芽二叶期 3 月 2 日（2 月 28 日至 3 月 5 日），一芽三叶长 7.62cm，芽长 3.00cm，一芽三叶百芽重 81.20g。叶片上斜着生，叶长 12.34cm，叶宽 5.26cm，叶面积 45.44cm^2，大叶，叶长宽比 2.35，叶椭圆形，叶脉 12 对，叶色黄绿色，叶面隆起，叶身内折，叶质中，叶齿锐度中，叶齿密度中，叶齿深度中，叶基楔形，叶尖渐尖，叶缘平。盛花期 9 月下旬，萼片 5 枚，花萼色泽绿色，花萼有茸毛，花冠大小 4.4cm×4.3cm，花瓣色泽白色，花瓣质地中，花瓣数 7 枚，子房有茸毛，花柱长 1.5cm，柱头 3 裂，花柱裂位高，雌雄蕊高比高。果实形状球形，果实大小 1.7cm×1.7cm，果皮厚 0.11cm，种子形状球形，种径大小 1.42cm×1.44cm，种皮色泽棕褐色，百粒重 120g。春茶一芽二叶蒸青样水浸出物 40.66 %，咖啡碱 3.21 %，茶多酚 20.31 %，氨基酸 3.48 %，酚氨比值 5.84。

202. 茶种质 FCH092—14

由云南省农业科学院茶叶研究所以福鼎大白茶（♀）×翠华茶（♂）为亲本，从杂交 F1 中单株选择出种质资源材料。

小乔木，树姿直立。发芽密度中，芽叶色泽黄绿色，芽叶茸毛多，春茶一芽一叶期 2 月 28 日（2 月 25 日至 3 月 2 日），一芽二叶期 3 月 2 日（2 月 28 日至 3 月 5 日），一芽三叶长 6.90cm，芽长 3.06cm，一芽三叶百芽重 74.60g。叶片上斜着生，叶长 13.00cm，叶宽 5.90cm，叶面积 53.19cm²，大叶，叶长宽比 2.21，叶椭圆形，叶脉 11 对，叶色黄绿色，叶面隆起，叶身内折，叶质硬，叶齿锐度中，叶齿密度中，叶齿深度深，叶基楔形，叶尖渐尖，叶缘波。盛花期 9 月下旬，萼片 5 枚，花萼色泽绿色，花萼有茸毛，花冠大小 4.5cm×3.9cm，花瓣色泽白色，花瓣质地中，花瓣数 6 枚，子房有茸毛，花柱长 1.5cm，柱头 3 裂，花柱裂位高，雌雄蕊高比等高。果实形状球形，果实大小 1.9cm×1.8cm，果皮厚 0.1cm，种子形状球形，种径大小 1.56cm×1.62cm，种皮色泽棕褐色，百粒重 230g。春茶一芽二叶蒸青样水浸出物 49.14%，咖啡碱 3.81%，茶多酚 19.88%，氨基酸 3.13%，酚氨比值 6.35。

203. 茶种质 FCH092—16

由云南省农业科学院茶叶研究所以福鼎大白茶（♀）× 翠华茶（♂）为亲本，从杂交 F1 中单株选择出种质资源材料。

小乔木，树姿直立。发芽密度稀，芽叶色泽黄绿色，芽叶茸毛多，春茶一芽一叶期 2 月 23 日（2 月 21 日至 3 月 25 日），一芽二叶期 2 月 28 日（2 月 25 日至 3 月 2 日），一芽三叶长 5.28cm，芽长 2.68cm，一芽三叶百芽重 64.20g。叶片上斜着生，叶长 15.42cm，叶宽 5.76cm，叶面积 62.18cm²，特大叶，叶长宽比 2.68，叶长椭圆形，叶脉 12 对，叶色黄绿色，叶面隆起，叶身内折，叶质中，叶齿锐度中，叶齿密度中，叶齿深度中，叶基楔形，叶尖渐尖，叶缘波。盛花期 9 月中旬，萼片 5 枚，花萼色泽绿色，花萼有茸毛，花冠大小 5.1cm×4.4cm，花瓣色泽白色，花瓣质地中，花瓣数 7 枚，子房有茸毛，花柱长 1.7cm，柱头 3 裂，花柱裂位高，雌雄蕊高比等高。果实形状球形，果实大小 1.7cm×1.8cm，果皮厚 0.1cm，种子形状球形，种径大小 1.46cm×1.56cm，种皮色泽棕褐色，百粒重 216.0g。春茶一芽二叶蒸青样水浸出物 52.23%，咖啡碱 3.99%，茶多酚 21.14%，氨基酸 2.97%，酚氨比值 7.12。

204. 茶种质 FCH092—19

由云南省农业科学院茶叶研究所以福鼎大白茶（♀）× 翠华茶（♂）为亲本，从杂交 F1 中单株选择出种质资源材料。

小乔木，树姿直立。发芽密度稀，芽叶色泽黄绿色，芽叶茸毛多，春茶一芽一叶期 2 月 23 日（2 月 21 日至 3 月 25 日），一芽二叶期 2 月 28 日（2 月 25 日至 3 月 2 日），一芽三叶长 6.06cm，芽长 2.92cm，一芽三叶百芽重 79.60g。叶片上斜着生，叶长 13.78cm，叶宽 5.80cm，叶面积 55.96cm²，大叶，叶长宽比 2.38，叶椭圆形，叶脉 13 对，叶色黄绿色，叶面隆起，叶身内折，叶质中，叶齿锐度中，叶齿密度密，叶齿深度中，叶基楔形，叶尖渐尖，叶缘微波。盛花期 9 月中旬，萼片 5 枚，花萼色泽绿色，花萼有茸毛，花冠大小 4.6cm×4.3cm，花瓣色泽白色，花瓣质地中，花瓣数 8 枚，子房有茸毛，花柱长 1.6 cm，柱头 3 裂，花柱裂位高，雌雄蕊高比高。果实形状肾形，果实大小 2.8cm×2.2cm，果皮厚 0.13cm，种子形状球形，种径大小 1.71cm×1.74cm，种皮色泽棕褐色，百粒重 280g。春茶一芽二叶蒸青样水浸出物 49.37 ％，咖啡碱 3.57 ％，茶多酚 21.24 ％，氨基酸 2.62 ％，酚氨比值 8.11。

205. 茶种质 FCH092—20

由云南省农业科学院茶叶研究所以福鼎大白茶（♀）× 翠华茶（♂）为亲本，从杂交 F1 中单株选择出种质资源材料。

小乔木，树姿直立。发芽密度中，芽叶色泽黄绿色，芽叶茸毛多，春茶一芽一叶期 2 月 18 日（2 月 16 日至 2 月 20 日），一芽二叶期 2 月 28 日（2 月 25 日至 3 月 2 日），一芽三叶长 5.74cm，芽长 2.56cm，一芽三叶百芽重 67.60g。叶片上斜着生，叶长 14.14cm，叶宽 5.48cm，叶面积 54.25cm^2，大叶，叶长宽比 2.58，叶长椭圆形，叶脉 12 对，叶色黄绿色，叶面隆起，叶身内折，叶质中，叶齿锐度中，叶齿密度密，叶齿深度深，叶基楔形，叶尖渐尖，叶缘波。盛花期 9 月下旬，萼片 5 枚，花萼色泽绿色，花萼有茸毛，花冠大小 4.5cm×3.7cm，花瓣色泽白色，花瓣质地中，花瓣数 7 枚，子房有茸毛，花柱长 1.5cm，柱头 3 裂，花柱裂位高，雌雄蕊高比高。果实形状肾形，果实大小 2.4cm×2.0cm，果皮厚 0.11cm，种子形状球形，种径大小 1.83cm×1.79cm，种皮色泽棕褐色，百粒重 135g。春茶一芽二叶蒸青样水浸出物 45.61 ％，咖啡碱 3.85 ％，茶多酚 18.80 ％，氨基酸 2.63 ％，酚氨比值 7.15。

206. 茶种质 FCH092—21

　　由云南省农业科学院茶叶研究所以福鼎大白茶（♀）× 翠华茶（♂）为亲本，从杂交 F1 中单株选择出种质资源材料。

　　小乔木，树姿半开展。发芽密度中，芽叶色泽黄绿色，芽叶茸毛中，春茶一芽一叶期 3 月 17 日（3 月 15 日至 3 月 19 日），一芽二叶期 3 月 21 日（3 月 18 日至 3 月 24 日），一芽三叶长 8.22cm，芽长 3.56cm，一芽三叶百芽重 96.40g。叶片上斜着生，叶长 12.22cm，叶宽 4.88cm，叶面积 41.75cm²，大叶，叶长宽比 2.51，叶长椭圆形，叶脉 11 对，叶色黄绿色，叶面微隆，叶身内折，叶质中，叶齿锐度中，叶齿密度中，叶齿深度中，叶基楔形，叶尖渐尖，叶缘微波。盛花期 9 月下旬，萼片 5 枚，花萼色泽绿色，花萼有茸毛，花冠大小 4.1cm×3.8cm，花瓣色泽白色，花瓣质地中，花瓣数 6 枚，子房有茸毛，花柱长 1.2cm，柱头 3 裂，花柱裂位高，雌雄蕊高比等高。果实形状球形，果实大小 1.8cm×1.6cm，果皮厚 0.16cm，种子形状球形，种径大小 1.46cm×1.60cm，种皮色泽棕褐色，百粒重 190g。春茶一芽二叶蒸青样水浸出物 49.01 %，咖啡碱 3.54 %，茶多酚 20.52 %，氨基酸 2.67 %，酚氨比值 7.69。

207. 茶种质 FCH092—22

由云南省农业科学院茶叶研究所以福鼎大白茶（♀）× 翠华茶（♂）为亲本，从杂交 F1 中单株选择出种质资源材料。

小乔木，树姿半开展。发芽密度稀，芽叶色泽紫绿色，芽叶茸毛多，春茶一芽一叶期 3 月 9 日（3 月 6 日至 3 月 12 日），一芽二叶期 3 月 17 日（3 月 15 日至 3 月 19 日），一芽三叶长 6.28cm，芽长 2.36cm，一芽三叶百芽重 60.40g。叶片上斜着生，叶长 13.94cm，叶宽 5.44cm，叶面积 53.09cm²，大叶，叶长宽比 2.57，叶长椭圆形，叶脉 12 对，叶色黄绿色，叶面微隆，叶身内折，叶质中，叶齿锐度中，叶齿密度中，叶齿深度中，叶基楔形，叶尖渐尖，叶缘微波。盛花期 9 月中旬，萼片 5 枚，花萼色泽绿色，花萼有茸毛，花冠大小 4.6cm×5.0cm，花瓣

色泽白色，花瓣质地中，花瓣数 6 枚，子房有茸毛，花柱长 1.5cm，柱头 3 裂，花柱裂位高，雌雄蕊高比等高。果实形状球形，果实大小 2.1cm×2.2cm，果皮厚 0.16cm，种子形状球形，种径大小 2.1cm×1.8cm，种皮色泽棕褐色，百粒重 370g。春茶一芽二叶蒸青样水浸出物 43.39%，咖啡碱 4.47%，茶多酚 20.97%，氨基酸 2.23%，酚氨比值 9.40。

208. 茶种质 FCH092—23

　　由云南省农业科学院茶叶研究所以福鼎大白茶（♀）× 翠华茶（♂）为亲本，从杂交 F1 中单株选择出种质资源材料。

　　小乔木，树姿直立。发芽密度中，芽叶色泽黄绿色，芽叶茸毛多，春茶一芽一叶期 3 月 9 日（3 月 6 日至 3 月 12 日），一芽二叶期 3 月 14 日（3 月 10 日至 3 月 18 日），一芽三叶长 6.18cm，芽长 3.08cm，一芽三叶百芽重 67.60g。叶片上斜着生，叶长 12.40cm，叶宽 4.34cm，叶面积 37.68cm²，大叶，叶长宽比 2.86，叶长椭圆形，叶脉 9 对，叶色黄绿色，叶面微隆，叶身内折，叶质中，叶齿锐度中，叶齿密度中，叶齿深度中，叶基楔形，叶尖渐尖，叶缘波。盛花期 9 月中旬，萼片 5 枚，花萼色泽绿色，花萼有茸毛，花冠大小 4.4cm×4.2cm，花瓣色泽白色，花瓣质地中，花瓣数 7 枚，子房有茸毛，花柱长 1.6cm，柱头 3 裂，花柱裂位中，雌雄蕊高比等高。果实形状球形，果实大小 1.6cm×1.8cm，果皮厚 0.12cm，种子形状球形，种径大小 1.46cm×1.47cm，种皮色泽棕褐色，百粒重 170g。春茶一芽二叶蒸青样水浸出物 46.38 %，咖啡碱 3.15 %，茶多酚 20.01 %，氨基酸 1.72 %，酚氨比值 11.63。

209. 茶种质 FCH092—26

由云南省农业科学院茶叶研究所以福鼎大白茶（♀）× 翠华茶（♂）为亲本，从杂交 F1 中单株选择出种质资源材料。

小乔木，树姿直立。发芽密度稀，芽叶色泽黄绿色，芽叶茸毛多，春茶一芽一叶期 2 月 28 日（2 月 25 日至 3 月 2 日），一芽二叶期 3 月 7 日（3 月 5 日至 3 月 9 日），一芽三叶长 7.02cm，芽长 2.86cm，一芽三叶百芽重 70.20g。叶片稍上斜着生，叶长 11.88cm，叶宽 5.82cm，叶面积 48.41cm²，大叶，叶长宽比 2.05，叶椭圆形，叶脉 11 对，叶色黄绿色，叶面隆起，叶身内折，叶质中，叶齿锐度中，叶齿密度中，叶齿深度中，叶基楔形，叶尖渐尖，叶缘微波。盛花期 9 月中旬，萼片 5 枚，花萼色泽绿色，花萼有茸毛，花冠大小 4.7cm×4.5cm，花瓣色泽白色，花瓣质地中，花瓣数 6 枚，子房有茸毛，花柱长 1.6cm，柱头 3 裂，花柱裂位高，雌雄蕊高比等高。果实形状三角形，果实大小 2.9cm×2.1cm，果皮厚 0.14cm，种子形状球形，种径大小 1.75cm×1.76cm，种皮色泽棕褐色，百粒重 286g。春茶一芽二叶蒸青样水浸出物 45.83 %，咖啡碱 4.13 %，茶多酚 23.20 %，氨基酸 2.79 %，酚氨比值 8.32。

210. 茶种质 FCH092—27

由云南省农业科学院茶叶研究所以福鼎大白茶（♀）×翠华茶（♂）为亲本，从杂交 F1 中单株选择出种质资源材料。

小乔木，树姿直立。发芽密度稀，芽叶色泽黄绿色，芽叶茸毛多，春茶一芽一叶期 3 月 2 日（2 月 28 日至 3 月 5 日），一芽二叶期 3 月 9 日（3 月 6 日至 3 月 12 日），一芽三叶长 8.80cm，芽长 3.34cm，一芽三叶百芽重 108.20g。叶片上斜着生，叶长 12.54cm，叶宽 4.74cm，叶面积 41.61cm²，大叶，叶长宽比 2.65，叶长椭圆形，叶脉 11 对，叶色黄绿色，叶面隆起，叶身内折，叶质中，叶齿锐度锐，叶齿密度密，叶齿深度中，叶基楔形，叶尖渐尖，叶缘平。盛花期 9 月中旬，萼片 5 枚，花萼色泽绿色，花萼有茸毛，花冠大小 4.7cm×4.7cm，花瓣色泽白色，花瓣质地中，花瓣数 9 枚，子房有茸毛，花柱长 1.7cm，柱头 3 裂，花柱裂位高，雌雄蕊高比等高。果实形状肾形，果实大小 2.0cm×1.5cm，果皮厚 0.10cm，种子形状球形，种径大小 1.41cm×1.35cm，种皮色泽棕褐色，百粒重 166g。春茶一芽二叶蒸青样水浸出物 45.51%，咖啡碱 4.16%，茶多酚 22.47%，氨基酸 2.03%，酚氨比值 11.07。

211. 茶种质 FCH092—28

由云南省农业科学院茶叶研究所以福鼎大白茶（♀）× 翠华茶（♂）为亲本，从杂交 F1 中单株选择出种质资源材料。

小乔木，树姿直立。发芽密度稀，芽叶色泽黄绿色，芽叶茸毛多，春茶一芽一叶期 3 月 7 日（3 月 5 日至 3 月 9 日），一芽二叶期 3 月 9 日（3 月 7 日至 3 月 11 日），一芽三叶长 7.84cm，芽长 3.04cm，一芽三叶百芽重 80.20g。叶片上斜着生，叶长 14.14cm，叶宽 5.82cm，叶面积 57.61cm²，大叶，叶长宽比 2.43，叶椭圆形，叶脉 13 对，叶色黄绿色，叶面隆起，叶身内折，叶质中，叶齿锐度中，叶齿密度中，叶齿深度中，叶基楔形，叶尖渐尖，叶缘平。盛花期 9 月下旬，萼片 5 枚，花萼色泽绿色，花萼有茸毛，花冠大小 4.2cm×4.3cm，花瓣色泽白色，花瓣质地中，花瓣数 7 枚，子房有茸毛，花柱长 1.5cm，柱头 3 裂，花柱裂位高，雌雄蕊高比等高。果实形状肾形，果实大小 2.3cm×2.1cm，果皮厚 0.12cm，种子形状球形，种径大小 1.91cm×1.83cm，种皮色泽棕褐色，百粒重 308.5g。春茶一芽二叶蒸青样水浸出物 48.98 %，咖啡碱 3.38 %，茶多酚 22.05 %，氨基酸 2.47 %，酚氨比值 8.93。

212. 茶种质 FCH092—29

由云南省农业科学院茶叶研究所以福鼎大白茶（♀）× 翠华茶（♂）为亲本，从杂交 F1 中单株选择出种质资源材料。

小乔木，树姿直立。发芽密度稀，芽叶色泽黄绿色，芽叶茸毛多，春茶一芽一叶期 3 月 7 日（3 月 5 日至 3 月 9 日），一芽二叶期 3 月 9 日（3 月 7 日至 3 月 11 日），一芽三叶长 8.08cm，芽长 3.38cm，一芽三叶百芽重 90.00g。叶片上斜着生，叶长 14.62cm，叶宽 5.66cm，叶面积 57.93cm^2，大叶，叶长宽比 2.59，叶长椭圆形，叶脉 14 对，叶色黄绿色，叶面隆起，叶身内折，叶质中，叶齿锐度锐，叶齿密度中，叶齿深度深，叶基楔形，叶尖渐尖，叶缘波。盛花期 9 月中旬，萼片 5 枚，花萼色泽绿色，花萼有茸毛，花冠大小 4.4cm×4.3cm，花瓣色泽白色，花瓣质地中，花瓣数 6 枚，子房有茸毛，花柱长 1.4cm，柱头 3 裂，花柱裂位高，雌雄蕊高比等高。果实形状三角形，果实大小 2.5cm×2.1cm，果皮厚 0.12cm，种子形状球形，种径大小 1.67cm×1.64cm，种皮色泽棕褐色，百粒重 247g。春茶一芽二叶蒸青样水浸出物 51.30%，咖啡碱 3.69%，茶多酚 21.58%，氨基酸 2.40%，酚氨比值 8.99。

213. 茶种质 FCH092—31

　　由云南省农业科学院茶叶研究所以福鼎大白茶（♀）× 翠华茶（♂）为亲本，从杂交 F1 中单株选择出种质资源材料。

　　小乔木，树姿直立。发芽密度稀，芽叶色泽黄绿色，芽叶茸毛多，春茶一芽一叶期 2 月 28 日（2 月 26 日至 3 月 1 日），一芽二叶期 3 月 2 日（2 月 28 日至 3 月 5 日），一芽三叶长 7.42cm，芽长 2.64cm，一芽三叶百芽重 68.80g。叶片上斜着生，叶长 13.82cm，叶宽 5.38cm，叶面积 52.06cm²，大叶，叶长宽比 2.57，叶长椭圆形，叶脉 12 对，叶色黄绿色，叶面微隆，叶身内折，叶质中，叶齿锐度锐，叶齿密度密，叶齿深度中，叶基楔形，叶尖渐尖，叶缘平。盛花期 9 月中旬，萼片 5 枚，花萼色泽绿色，花萼有茸毛，花冠大小 4.2cm×4.4cm，花瓣色泽白色，花瓣质地中，花瓣数 7 枚，子房有茸毛，花柱长 1.5cm，柱头 3 裂，花柱裂位高，雌雄蕊高比等高。果实形状球形，果实大小 1.9cm×1.9cm，果皮厚 0.12cm，种子形状球形，种径大小 1.53cm×1.54cm，种皮色泽棕褐色，百粒重 184.7g。春茶一芽二叶蒸青样水浸出物 46.17%，咖啡碱 4.47%，茶多酚 20.85%，氨基酸 2.74%，酚氨比值 7.61。

214. 茶种质 FCH092—32

由云南省农业科学院茶叶研究所以福鼎大白茶（♀）×翠华茶（♂）为亲本，从杂交 F1 中单株选择出种质资源材料。

小乔木，树姿直立。发芽密度稀，芽叶色泽紫绿色，芽叶茸毛特多，春茶一芽一叶期 2 月 23 日（2 月 21 日至 3 月 25 日），一芽二叶期 2 月 28 日（2 月 25 日至 3 月 2 日），一芽三叶长 6.48cm，芽长 2.50cm，一芽三叶百芽重 61.00g。叶片稍上斜着生，叶长 11.18cm，叶宽 4.70cm，叶面积 36.79cm²，中叶，叶长宽比 2.38，叶椭圆形，叶脉 11 对，叶色黄绿色，叶面微隆，叶身内折，叶质中，叶齿锐度锐，叶齿密度密，叶齿深度中，叶基楔形，叶尖渐尖，叶缘微波。盛花期 9 月下旬，萼片 5 枚，花萼色泽绿色，花萼有茸毛，花冠大小 4.6cm×4.8cm，花瓣色泽白色，花瓣质地中，花瓣数 8 枚，子房有茸毛，花柱长 1.5cm，柱头 3 裂，花柱裂位中，雌雄蕊高比等高。果实形状球形，果实大小 2.0cm×2.0cm，果皮厚 0.12cm，种子形状球形，种径大小 1.57cm×1.55cm，种皮色泽棕褐色，百粒重 192.3g。春茶一芽二叶蒸青样水浸出物 55.49％，咖啡碱 3.30％，茶多酚 24.44％，氨基酸 2.00％，酚氨比值 12.22。

215. 茶种质 FCH092—37

　　由云南省农业科学院茶叶研究所以福鼎大白茶（♀）×翠华茶（♂）为亲本，从杂交 F1 中单株选择出种质资源材料。

　　小乔木，树姿直立。发芽密度稀，芽叶色泽黄绿色，芽叶茸毛多，春茶一芽一叶期 3 月 2 日（2 月 28 日至 3 月 5 日），一芽二叶期 3 月 14 日（3 月 10 日至 3 月 18 日），一芽三叶长 6.74cm，芽长 2.90cm，一芽三叶百芽重 90.20g。叶片上斜着生，叶长 12.84cm，叶宽 4.62cm，叶面积 41.53cm^2，大叶，叶长宽比 2.78，叶长椭圆形，叶脉 10 对，叶色黄绿色，叶面隆起，叶身内折，叶质中，叶齿锐度锐，叶齿密度密，叶齿深度中，叶基楔形，叶尖渐尖，叶缘平。盛花期 9 月中旬，萼片 5 枚，花萼色泽绿色，花萼有茸毛，花冠大小 5.0cm×5.1cm，花瓣色泽白色，花瓣质地中，花瓣数 6 枚，子房有茸毛，花柱长 1.8cm，柱头 3 裂，花柱裂位高，雌雄蕊高比等高。果实形状肾形，果实大小 2.1cm×2.0cm，果皮厚 0.12cm，种子形状球形，种径大小 1.47cm×1.43cm，种皮色泽棕褐色，百粒重 230g。春茶一芽二叶蒸青样水浸出物 51.59%，咖啡碱 3.13%，茶多酚 19.81%，氨基酸 2.35%，酚氨比值 8.43。

216. 茶种质 FCH093—1

由云南省农业科学院茶叶研究所以福鼎大白茶（♀）×翠华茶（♂）为亲本，从杂交 F1 中单株选择出种质资源材料。

小乔木，树姿直立。发芽密度中，芽叶色泽黄绿色，芽叶茸毛特多，春茶一芽一叶期 2 月 18 日（2 月 16 日至 2 月 20 日），一芽二叶期 2 月 23 日（2 月 21 日至 2 月 25 日），一芽三叶长 6.42cm，芽长 2.78cm，一芽三叶百芽重 72.20g。叶片上斜着生，叶长 11.88cm，叶宽 4.76cm，叶面积 39.59cm^2，中叶，叶长宽比 2.50，叶椭圆形，叶脉 11 对，叶色黄绿色，叶面微隆，叶身内折，叶质中，叶齿锐度锐，叶齿密度密，叶齿深度中，叶基楔形，叶尖渐尖，叶缘微波。盛花期 9 月下旬，萼片 5 枚，花萼色泽绿色，花萼有茸毛，花冠大小 4.6cm×4.5cm，花瓣色泽白色，花瓣质地中，花瓣数 7 枚，子房有茸毛，花柱长 1.5cm，柱头 3 裂，花柱裂位高，雌雄蕊高比等高。果实形状球形，果实大小 1.7cm×1.7cm，果皮厚 0.10cm，种子形状球形，种径大小 1.40cm×1.42cm，种皮色泽棕褐色，百粒重 167g。春茶一芽二叶蒸青样水浸出物 46.71 ％，咖啡碱 3.09 ％，茶多酚 18.04 ％，氨基酸 2.53 ％，酚氨比值 7.13。

217. 茶种质 FCH093—2

由云南省农业科学院茶叶研究所以福鼎大白茶（♀）×翠华茶（♂）为亲本，从杂交 F1 中单株选择出种质资源材料。

小乔木，树姿直立。发芽密度稀，芽叶色泽黄绿色，芽叶茸毛特多，春茶一芽一叶期 2 月 23 日（2 月 21 日至 2 月 25 日），一芽二叶期 2 月 28 日（2 月 25 日至 3 月 2 日），一芽三叶长 4.90cm，芽长 2.30cm，一芽三叶百芽重 44.20g。叶片上斜着生，叶长 10.56cm，叶宽 4.08cm，叶面积 30.17cm²，中叶，叶长宽比 2.59，叶长椭圆形，叶脉 10 对，叶色黄绿色，叶面微隆，叶身内折，叶质中，叶齿锐度锐，叶齿密度密，叶齿深度中，叶基楔形，叶尖渐尖，叶缘波。盛花期 9 月中旬，萼片 5 枚，花萼色泽绿色，花萼有茸毛，花冠大小 4.4cm×4.3cm，花瓣色泽白色，花瓣质地中，花瓣数 6 枚，子房有茸毛，花柱长 1.5cm，柱头 3 裂，花柱裂位高，雌雄蕊高比等高。果实形状球形，果实大小 2.0cm×1.8cm，果皮厚 0.10cm，种子形状球形，种径大小 1.69cm×1.67cm，种皮色泽棕褐色，百粒重 215g。春茶一芽二叶蒸青样水浸出物 51.21%，咖啡碱 3.13%，茶多酚 20.85%，氨基酸 3.31%，酚氨比值 6.30。

218. 茶种质 FCH093—4

由云南省农业科学院茶叶研究所以福鼎大白茶（♀）×翠华茶（♂）为亲本，从杂交F1中单株选择出种质资源材料。

小乔木，树姿直立。发芽密度中，芽叶色泽黄绿色，芽叶茸毛多，春茶一芽一叶期2月28日（2月25日至3月2日），一芽二叶期3月7日（3月5日至3月9日），一芽三叶长6.42cm，芽长2.54cm，一芽三叶百芽重83.8g。叶片稍上斜着生，叶长10.98cm，叶宽4.80cm，叶面积36.90cm²，中叶，叶长宽比2.29，叶椭圆形，叶脉11对，叶色黄绿色，叶面隆起，叶身内折，叶质中，叶齿锐度锐，叶齿密度密，叶齿深度中，叶基楔形，叶尖渐尖，叶缘波。盛花期9月下旬，萼片5枚，花萼色泽绿色，花萼有茸毛，花冠大小5.2cm×5.0cm，花瓣色泽白色，花瓣质地中，花瓣数7枚，子房有茸毛，花柱长1.7cm，柱头3裂，花柱裂位高，雌雄蕊高比等高。果实形状肾形，果实大小2.8cm×2.1cm，果皮厚0.14cm，种子形状球形，种径大小1.58cm×1.73cm，种皮色泽棕褐色，百粒重286.0g。春茶一芽二叶蒸青样水浸出物51.92%，咖啡碱3.41%，茶多酚23.78%，氨基酸2.33%，酚氨比值10.21。

219. 茶种质 FCH093—8

由云南省农业科学院茶叶研究所以福鼎大白茶（♀）×翠华茶（♂）为亲本，从杂交 F1 中单株选择出种质资源材料。

小乔木，树姿直立。发芽密度中，芽叶色泽黄绿色，芽叶茸毛多，春茶一芽一叶期 3 月 2 日（2 月 28 日至 3 月 5 日），一芽二叶期 3 月 7 日（3 月 5 日至 3 月 9 日），一芽三叶长 7.42cm，芽长 3.28cm，一芽三叶百芽重 91.20g。叶片上斜着生，叶长 11.50cm，叶宽 4.68cm，叶面积 37.68cm²，中叶，叶长宽比 2.46，叶椭圆形，叶脉 11 对，叶色黄绿色，叶面隆起，叶身内折，叶质中，叶齿锐度锐，叶齿密度中，叶齿深度中，叶基楔形，叶尖渐尖，叶缘微波。盛花期 9 月中旬，萼片 5 枚，花萼色泽绿色，花萼有茸毛，花冠大小 5.0cm×4.8cm，花瓣色泽白色，花瓣质地中，花瓣数 8 枚，子房有茸毛，花柱长 1.6cm，柱头 3 裂，花柱裂位高，雌雄蕊高比等高。果实形状球形，果实大小 2.0cm×2.0cm，果皮厚 0.12cm，种子形状球形，种径大小 1.70cm×1.54cm，种皮色泽棕褐色，百粒重 220.0g。春茶一芽二叶蒸青样水浸出物 49.16 %，咖啡碱 3.55 %，茶多酚 21.17 %，氨基酸 2.20 %，酚氨比值 9.62。

220. 茶种质 FCH093—9

由云南省农业科学院茶叶研究所以福鼎大白茶（♀）×翠华茶（♂）为亲本，从杂交 F1 中单株选择出种质资源材料。

小乔木，树姿直立。发芽密度稀，芽叶色泽黄绿色，芽叶茸毛中，春茶一芽一叶期 3 月 2 日（2 月 28 日至 3 月 5 日），一芽二叶期 3 月 7 日（3 月 5 日至 3 月 9 日），一芽三叶长 4.94cm，芽长 2.46cm，一芽三叶百芽重 56.20g。叶片上斜着生，叶长 11.64 cm，叶宽 4.68cm，叶面积 38.14cm^2，中叶，叶长宽比 2.49，叶椭圆形，叶脉 11 对，叶色黄绿色，叶面隆起，叶身内折，叶质中，叶齿锐度锐，叶齿密度密，叶齿深度中，叶基楔形，叶尖渐尖，叶缘微波。盛花期 9 月中旬，萼片 5 枚，花萼色泽绿色，花萼有茸毛，花冠大小 4.7cm×4.5cm，花瓣色泽白色，花瓣质地中，花瓣数 7 枚，子房有茸毛，花柱长 1.4cm，柱头 4 裂，花柱裂位高，雌雄蕊高比等高。果实形状球形，果实大小 1.9cm×1.8cm，果皮厚 0.1cm，种子形状球形，种径大小 1.39cm×1.47cm，种皮色泽棕褐色，百粒重 170.0g。春茶一芽二叶蒸青样水浸出物 44.57 ％，咖啡碱 3.30 ％，茶多酚 17.77 ％，氨基酸 3.21 ％，酚氨比值 5.54。

221. 茶种质 FCH093—11

由云南省农业科学院茶叶研究所以福鼎大白茶（♀）×翠华茶（♂）为亲本，从杂交 F1 中单株选择出种质资源材料。

小乔木，树姿直立。发芽密度中，芽叶色泽紫绿色，芽叶茸毛多，春茶一芽一叶期 3 月 7 日（3 月 5 日至 3 月 9 日），一芽二叶期 3 月 10 日（3 月 7 日至 3 月 13 日），一芽三叶长 6.96cm，芽长 2.92cm，一芽三叶百芽重 70.40g。叶片上斜着生，叶长 13.00cm，叶宽 4.24cm，叶面积 38.59cm^2，中叶，叶长宽比 3.07，叶披针形，叶脉 11 对，叶色黄绿色，叶面隆起，叶身内折，叶质中，叶齿锐度锐，叶齿密度密，叶齿深度中，叶基楔形，叶尖渐尖，叶缘波。盛花期 9 月中旬，萼片 5 枚，花萼色泽绿色，花萼有茸毛，花冠大小 5.1cm×4.4cm，花瓣色泽白色，花瓣质地中，花瓣数 6 枚，子房有茸毛，花柱长 1.6cm，柱头 3 裂，花柱裂位高，雌雄蕊高比等高。果实形状肾形，果实大小 3.2cm×2.1cm，果皮厚 0.09cm，种子形状球形，种径大小 1.87cm×1.77cm，种皮色泽棕褐色，百粒重 340g。春茶一芽二叶蒸青样水浸出物 45.08 %，咖啡碱 3.07 %，茶多酚 21.60 %，氨基酸 1.97 %，酚氨比值 10.96。

222. 茶种质 FCH094—1

由云南省农业科学院茶叶研究所以福鼎大白茶（♀）×翠华茶（♂）为亲本，从杂交 F1 中单株选择出种质资源材料。

小乔木，树姿半开展。发芽密度稀，芽叶色泽黄绿色，芽叶茸毛特多，春茶一芽一叶期 2 月 18 日（2 月 16 日至 2 月 20 日），一芽二叶期 2 月 23 日（2 月 21 日至 2 月 25 日），一芽三叶长 7.02cm，芽长 3.10cm，一芽三叶百芽重 76.20g。叶片上斜着生，叶长 14.92cm，叶宽 6.00cm，叶面积 62.67cm²，特大叶，叶长宽比 2.49，叶椭圆形，叶脉 11 对，叶色黄绿色，叶面隆起，叶身内折，叶质中，叶齿锐度锐，叶齿密度密，叶齿深度中，叶基楔形，叶尖渐尖，叶缘微波。盛花期 9 月下旬，萼片 5 枚，花萼色泽绿色，花萼有茸毛，花冠大小 5.4cm×5.1cm，花瓣色泽白色，花瓣质地中，花瓣数 7 枚，子房有茸毛，花柱长 1.6cm，柱头 3 裂，花柱裂位高，雌雄蕊高比等高。果实形状球形，果实大小 2.2cm×2.3cm，果皮厚 0.12cm，种子形状球形，种径大小 1.82cm×1.76cm，种皮色泽棕褐色，百粒重 340g。春茶一芽二叶蒸青样水浸出物 47.46％，咖啡碱 3.15％，茶多酚 18.35％，氨基酸 2.85％，酚氨比值 6.44。

223. 茶种质 FCH094—4

由云南省农业科学院茶叶研究所以福鼎大白茶（♀）×翠华茶（♂）为亲本，从杂交 F1 中单株选择出种质资源材料。

小乔木，树姿直立。发芽密度稀，芽叶色泽黄绿色，芽叶茸毛多，春茶一芽一叶期 3 月 7 日（3 月 5 日至 3 月 9 日），一芽二叶期 3 月 14 日（3 月 10 日至 3 月 18 日），一芽三叶长 7.34cm，芽长 2.96cm，一芽三叶百芽重 78.80g。叶片稍上斜着生，叶长 12.98cm，叶宽 5.20cm，叶面积 47.25cm²，大叶，叶长宽比 2.50，叶椭圆形，叶脉 13 对，叶色黄绿色，叶面隆起，叶身内折，叶质中，叶齿锐度锐，叶齿密度密，叶齿深度深，叶基楔形，叶尖渐尖，叶缘微波。盛花期 9 月中旬，萼片 5 枚，花萼色泽绿色，花萼有茸毛，花冠大小 4.4cm×4.2cm，花瓣色泽白色，花瓣质地中，花瓣数 7 枚，子房有茸毛，花柱长 1.7cm，柱头 3 裂，花柱裂位高，雌雄蕊高比等高。果实形状球形，果实大小 1.5cm×1.8cm，果皮厚 0.11cm，种子形状球形，种径大小 1.46cm×1.45cm，种皮色泽棕褐色，百粒重 137.5g。春茶一芽二叶蒸青样水浸出物 41.52%，咖啡碱 3.50%，茶多酚 20.61%，氨基酸 2.14%，酚氨比值 9.63。

224. 茶种质 FCH094—5

由云南省农业科学院茶叶研究所以福鼎大白茶（♀）×翠华茶（♂）为亲本，从杂交 F1 中单株选择出种质资源材料。

小乔木，树姿直立。发芽密度稀，芽叶色泽黄绿色，芽叶茸毛多，春茶一芽一叶期 3 月 2 日（2 月 28 日至 3 月 5 日），一芽二叶期 3 月 7 日（3 月 5 日至 3 月 9 日），一芽三叶长 7.06cm，芽长 2.98cm，一芽三叶百芽重 75.80g。叶片稍上斜着生，叶长 13.30cm，叶宽 5.72cm，叶面积 53.26cm²，大叶，叶长宽比 2.33，叶椭圆形，叶脉 12 对，叶色黄绿色，叶面隆起，叶身内折，叶质中，叶齿锐度锐，叶齿密度中，叶齿深度深，叶基楔形，叶尖渐尖，叶缘波。盛花期 9 月中旬，萼片 5 枚，花萼色泽绿色，花萼有茸毛，花冠大小 4.7cm×4.5cm，花瓣色泽白色，花瓣质地中，花瓣数 6 枚，子房有茸毛，花柱长 1.5cm，柱头 3 裂，花柱裂位高，雌雄蕊高比等高。果实形状肾形，果实大小 2.6cm×1.8cm，果皮厚 0.11cm，种子形状球形，种径大小 1.40cm×1.40cm，种皮色泽棕褐色，百粒重 168g。春茶一芽二叶蒸青样水浸出物 48.33 ％，咖啡碱 3.30 ％，茶多酚 19.77 ％，氨基酸 2.27 ％，酚氨比值 8.71。

225. 茶种质 FCH094—6

由云南省农业科学院茶叶研究所以福鼎大白茶（♀）×翠华茶（♂）为亲本，从杂交 F1 中单株选择出种质资源材料。

小乔木，树姿直立。发芽密度中，芽叶色泽黄绿色，芽叶茸毛特多，春茶一芽一叶期 2 月 18 日（2 月 16 日至 2 月 20 日），一芽二叶期 2 月 23 日（2 月 21 日至 2 月 25 日），一芽三叶长 5.04cm，芽长 2.18cm，一芽三叶百芽重 58.80g。叶片上斜着生，叶长 11.86cm，叶宽 4.88cm，叶面积 40.52cm²，大叶，叶长宽比 2.43，叶椭圆形，叶脉 10 对，叶色黄绿色，叶面隆起，叶身内折，叶质中，叶齿锐度锐，叶齿密度密，叶齿深度中，叶基楔形，叶尖渐尖，叶缘波。盛花期 9 月下旬，萼片 5 枚，花萼色泽绿色，花萼有茸毛，花冠大小 4.5cm×4.2cm，花瓣色泽白色，花瓣质地中，花瓣数 7 枚，子房有茸毛，花柱长 1.5cm，柱头 3 裂，花柱裂位高，雌雄蕊高比等高。果实形状肾形，果实大小 2.2cm×2.1cm，果皮厚 0.14cm，种子形状球形，种径大小 1.92cm×1.71cm，种皮色泽棕褐色，百粒重 310g。春茶一芽二叶蒸青样水浸出物 51.28 %，咖啡碱 3.26 %，茶多酚 20.90 %，氨基酸 2.01 %，酚氨比值 10.40。

226. 茶种质 FCH094—7

由云南省农业科学院茶叶研究所以福鼎大白茶（♀）×翠华茶（♂）为亲本，从杂交 F1 中单株选择出种质资源材料。

小乔木，树姿直立。发芽密度中，芽叶色泽紫绿色，芽叶茸毛中，春茶一芽一叶期 2 月 23 日（2 月 21 日至 2 月 25 日），一芽二叶期 2 月 28 日（2 月 25 日至 3 月 2 日），一芽三叶长 7.06cm，芽长 2.76cm，一芽三叶百芽重 89.20g。叶片上斜着生，叶长 14.26cm，叶宽 5.88cm，叶面积 58.70cm²，大叶，叶长宽比 2.43，叶椭圆形，叶脉 12 对，叶色黄绿色，叶面隆起，叶身内折，叶质中，叶齿锐度中，叶齿密度中，叶齿深度中，叶基楔形，叶尖渐尖，叶缘微波。盛花期 10 月中旬，萼片 5 枚，花萼色泽绿色，花萼有茸毛，花冠大小 4.8cm×4.3cm，花瓣色泽白色，花瓣质地中，花瓣数 7 枚，子房有茸毛，花柱长 1.7cm，柱头 3 裂，花柱裂位高，雌雄蕊高比高。果实形状肾形，果实大小 2.3cm×1.9cm，果皮厚 0.1cm，种子形状球形，种径大小 1.77cm×1.60cm，种皮色泽棕褐色，百粒重 260g。春茶一芽二叶蒸青样水浸出物 47.11%，咖啡碱 4.26%，茶多酚 17.71%，氨基酸 3.14%，酚氨比值 5.64。

227. 茶种质 FCH094—9

　　由云南省农业科学院茶叶研究所以福鼎大白茶（♀）×翠华茶（♂）为亲本，从杂交F1中单株选择出种质资源材料。

　　小乔木，树姿直立。发芽密度稀，芽叶色泽黄绿色，芽叶茸毛多，春茶一芽一叶期3月2日（2月28日至3月5日），一芽二叶期3月7日（3月5日至3月9日），一芽三叶长6.22cm，芽长2.90cm，一芽三叶百芽重75.60g。叶片稍上斜着生，叶长11.70cm，叶宽5.34cm，叶面积43.74cm²，大叶，叶长宽比2.20，叶椭圆形，叶脉12对，叶色黄绿色，叶面隆起，叶身内折，叶质中，叶齿锐度锐，叶齿密度密，叶齿深度中，叶基楔形，叶尖渐尖，叶缘微波。盛花期9月中旬，萼片5枚，花萼色泽绿色，花萼有茸毛，花冠大小4.3cm×4.4cm，花瓣色泽白色，花瓣质地中，花瓣数6枚，子房有茸毛，花柱长1.9cm，柱头3裂，花柱裂位高，雌雄蕊高比等高。果实形状球形，果实大小2.1cm×2.0cm，果皮厚0.08cm，种子形状球形，种径大小1.63cm×1.6cm，种皮色泽棕褐色，百粒重157.5g。春茶一芽二叶蒸青样水浸出物46.17％，咖啡碱3.03％，茶多酚17.84％，氨基酸2.13％，酚氨比值8.38。

228. 茶种质 FCF094—15

由云南省农业科学院茶叶研究所以福鼎大白茶（♀）×茶房迟生种（♂）为亲本，从杂交 F1 中单株选择出种质资源材料。

小乔木，树姿直立。发芽密度中，芽叶色泽黄绿色，芽叶茸毛多，春茶一芽一叶期 2 月 18 日（2 月 16 日至 2 月 20 日），一芽二叶期 2 月 23 日（2 月 21 日至 2 月 25 日），一芽三叶长 4.78cm，芽长 2.52cm，一芽三叶百芽重 52.80g。叶片稍上斜着生，叶长 10.10cm，叶宽 3.92cm，叶面积 27.72cm^2，中叶，叶长宽比 2.58，叶长椭圆形，叶脉 10 对，叶色黄绿色，叶面微隆，叶身内折，叶质硬，叶齿锐度锐，叶齿密度密，叶齿深度中，叶基楔形，叶尖渐尖，叶缘波。盛花期 9 月下旬，萼片 5 枚，花萼色泽绿色，花萼有茸毛，花冠大小 4.6cm×4.0cm，花瓣色泽白色，花瓣质地中，花瓣数 8 枚，子房有茸毛，花柱长 1.5cm，柱头 3 裂，花柱裂位高，雌雄蕊高比高。果实形状球形，果实大小 1.3cm×1.7cm，果皮厚 0.07cm，种子形状球形，种径大小 1.48cm×1.44cm，种皮色泽棕褐色，百粒重 162.5g。春茶一芽二叶蒸青样水浸出物 48.66%，咖啡碱 4.32%，茶多酚 18.12%，氨基酸 1.13%，酚氨比值 16.04。

229. 茶种质 FCF094—17

　　由云南省农业科学院茶叶研究所以福鼎大白茶（♀）× 茶房迟生种（♂）为亲本，从杂交 F1 中单株选择出种质资源材料。

　　小乔木，树姿直立。发芽密度稀，芽叶色泽黄绿色，芽叶茸毛中，春茶一芽一叶期3月7日（3月5日至3月9日），一芽二叶期3月14日（3月10日至3月18日），一芽三叶长5.26cm，芽长2.42cm，一芽三叶百芽重48.00g。叶片稍上斜着生，叶长11.32cm，叶宽5.10cm，叶面积40.42cm^2，大叶，叶长宽比2.22，叶椭圆形，叶脉11对，叶色黄绿色，叶面微隆，叶身内折，叶质中，叶齿锐度锐，叶齿密度中，叶齿深度中，叶基楔形，叶尖渐尖，叶缘平。盛花期10月中旬，萼片5枚，花萼色泽绿色，花萼有茸毛，花冠大小4.4cm×4.4cm，花瓣色泽白色，花瓣质地中，花瓣数8枚，子房有茸毛，花柱长1.6cm，柱头4裂，花柱裂位高，雌雄蕊高比等高。果实形状球形，果实大小1.9cm×2.3cm，果皮厚0.12cm，种子形状球形，种径大小1.60cm×1.61cm，种皮色泽棕褐色，百粒重242.0g。春茶一芽二叶蒸青样水浸出物49.36%，咖啡碱3.44%，茶多酚20.41%，氨基酸3.03%，酚氨比值6.74。

230. 茶种质 FCF094—18

　　由云南省农业科学院茶叶研究所以福鼎大白茶（♀）×茶房迟生种（♂）为亲本，从杂交 F1 中单株选择出种质资源材料。

　　小乔木，树姿直立。发芽密度稀，芽叶色泽黄绿色，芽叶茸毛多，春茶一芽一叶期 2 月 28 日（2 月 25 日至 3 月 2 日），一芽二叶期 3 月 7 日（3 月 5 日至 3 月 9 日），一芽三叶长 5.32cm，芽长 2.70cm，一芽三叶百芽重 67.20g。叶片水平着生，叶长 10.80cm，叶宽 4.74cm，叶面积 35.84cm²，中叶，叶长宽比 2.28，叶椭圆形，叶脉 9 对，叶色黄绿色，叶面隆起，叶身内折，叶质中，叶齿锐度锐，叶齿密度密，叶齿深度中，叶基楔形，叶尖渐尖，叶缘平。盛花期 9 月下旬，萼片 5 枚，花萼色泽绿色，花萼有茸毛，花冠大小 4.8cm×4.7cm，花瓣色泽白色，花瓣质地中，花瓣数 8 枚，子房有茸毛，花柱长 1.4cm，柱头 3 裂，花柱裂位高，雌雄蕊高比等高。果实形状肾形，果实大小 2.5cm×1.9cm，果皮厚 0.08cm，种子形状球形，种径大小 1.44cm×1.40cm，种皮色泽棕褐色，百粒重 103.8g。春茶一芽二叶蒸青样水浸出物 47.66%，咖啡碱 3.42%，茶多酚 19.24%，氨基酸 1.93%，酚氨比值 9.97。

231. 茶种质 FCF094—19

由云南省农业科学院茶叶研究所以福鼎大白茶（♀）×茶房迟生种（♂）为亲本，从杂交F1中单株选择出种质资源材料。

小乔木，树姿直立。发芽密度中，芽叶色泽黄绿色，芽叶茸毛中，春茶一芽一叶期2月28日（2月25日至3月2日），一芽二叶期3月7日（3月5日至3月9日），一芽三叶长4.88cm，芽长2.40cm，一芽三叶百芽重57.60g。叶片稍上斜着生，叶长9.96cm，叶宽4.04cm，叶面积28.17cm^2，中叶，叶长宽比2.47，叶椭圆形，叶脉10对，叶色黄绿色，叶面微隆，叶身内折，叶质中，叶齿锐度锐，叶齿密度密，叶齿深度中，叶基楔形，叶尖渐尖，叶缘波。盛花期9月下旬，萼片5枚，花萼色泽绿色，花萼有茸毛，花冠大小5.1cm×4.7cm，花瓣色泽白色，花瓣质地中，花瓣数8枚，子房有茸毛，花柱长1.6cm，柱头3裂，花柱裂位高，雌雄蕊高比等高。果实形状球形，果实大小1.7cm×1.8cm，果皮厚0.08cm，种子形状球形，种径大小1.35cm×1.45cm，种皮色泽棕褐色，百粒重122.5g。春茶一芽二叶蒸青样水浸出物40.84%，咖啡碱3.11%，茶多酚21.03%，氨基酸1.77%，酚氨比值11.88。

232. 茶种质 FWQ094—21

　　由云南省农业科学院茶叶研究所以福鼎大白茶（♀）×温泉源头茶（♂）为亲本，从杂交 F1 中单株选择出种质资源材料。

　　小乔木，树姿半开展。发芽密度稀，芽叶色泽黄绿色，芽叶茸毛中，春茶一芽一叶期 2 月 23 日（2 月 21 日至 2 月 25 日），一芽二叶期 2 月 28 日（2 月 25 日至 3 月 2 日），一芽三叶长 4.30cm，芽长 2.06cm，一芽三叶百芽重 41.60g。叶片稍上斜着生，叶长 14.44cm，叶宽 5.18cm，叶面积 52.36cm²，大叶，叶长宽比 2.79，叶长椭圆形，叶脉 11 对，叶色黄绿色，叶面隆起，叶身内折，叶质中，叶齿锐度锐，叶齿密度密，叶齿深度中，叶基楔形，叶尖渐尖，叶缘波。盛花期 10 月上旬，萼片 5 枚，花萼色泽绿色，花萼有茸毛，花冠大小 4.1cm×3.9cm，花瓣色泽白色，花瓣质地中，花瓣数 6 枚，子房有茸毛，花柱长 1.3m，柱头 3 裂，花柱裂位高，雌雄蕊高比等高。果实形状球形，果实大小 2.1cm×2.2cm，果皮厚 0.1cm，种子形状球形，种径大小 1.89cm×1.82cm，种皮色泽棕褐色，百粒重 255.0g。春茶一芽二叶蒸青样水浸出物 46.77%，咖啡碱 3.91%，茶多酚 18.56%，氨基酸 2.66%，酚氨比值 6.98。

233. 茶种质 FWQ094—22

由云南省农业科学院茶叶研究所以福鼎大白茶（♀）×温泉源头茶（♂）为亲本，从杂交F1中单株选择出种质资源材料。

小乔木，树姿半开展。发芽密度稀，芽叶色泽黄绿色，芽叶茸毛多，春茶一芽一叶期2月23日（2月21日至2月25日），一芽二叶期2月28日（2月25日至3月2日），一芽三叶长7.84cm，芽长3.02cm，一芽三叶百芽重75.60g。叶片稍上斜着生，叶长12.78cm，叶宽5.16cm，叶面积46.17cm^2，大叶，叶长宽比2.48，叶椭圆形，叶脉12对，叶色黄绿色，叶面隆起，叶身内折，叶质中，叶齿锐度中，叶齿密度中，叶齿深度中，叶基楔形，叶尖渐尖，叶缘平。盛花期9月下旬，萼片5枚，花萼色泽绿色，花萼有茸毛，花冠大小4.5cm×4.3cm，花瓣色泽白色，花瓣质地中，花瓣数7枚，子房有茸毛，花柱长1.6cm，柱头3裂，花柱裂位高，雌雄蕊高比高。果实形状肾形，果实大小2.9cm×2.4cm，果皮厚0.10cm，种子形状球形，种径大小1.35cm×1.57cm，种皮色泽棕褐色，百粒重148g。春茶一芽二叶蒸青样水浸出物44.41%，咖啡碱3.01%，茶多酚16.90%，氨基酸2.22%，酚氨比值7.61。

234. 茶种质 FWQ094—23

由云南省农业科学院茶叶研究所以福鼎大白茶（♀）×温泉源头茶（♂）为亲本，从杂交 F1 中单株选择出种质资源材料。

小乔木，树姿直立。发芽密度稀，芽叶色泽黄绿色，芽叶茸毛中，春茶一芽一叶期 3 月 7 日（3 月 5 日至 3 月 9 日），一芽二叶期 3 月 14 日（3 月 10 日至 3 月 18 日），一芽三叶长 5.94cm，芽长 2.90cm，一芽三叶百芽重 71.00g。叶片上斜着生，叶长 14.20 cm，叶宽 5.26cm，叶面积 52.29cm²，大叶，叶长宽比 2.70，叶长椭圆形，叶脉 13 对，叶色黄绿色，叶面隆起，叶身内折，叶质中，叶齿锐度锐，叶齿密度密，叶齿深度中，叶基楔形，叶尖渐尖，叶缘波。盛花期 9 月下旬，萼片 5 枚，花萼色泽绿色，花萼有茸毛，花冠大小 3.9cm×3.8cm，花瓣色泽白色，花瓣质地中，花瓣数 6 枚，子房有茸毛，花柱长 1.5cm，柱头 3 裂，花柱裂位高，雌雄蕊高比等高。果实形状三角形，果实大小 2.5cm×2.1cm，果皮厚 0.08cm，种子形状球形，种径大小 1.36cm×1.35cm，种皮色泽棕褐色，百粒重 140.0g。春茶一芽二叶蒸青样水浸出物 41.96%，咖啡碱 4.12%，茶多酚 20.60%，氨基酸 2.13%，酚氨比值 9.67。

235. 茶种质 FWQ095—1

由云南省农业科学院茶叶研究所以福鼎大白茶（♀）×温泉源头茶（♂）为亲本，从杂交 F1 中单株选择出种质资源材料。

小乔木，树姿半开展。发芽密度稀，芽叶色泽黄绿色，芽叶茸毛多，春茶一芽一叶期2月23日（2月21日至2月25日），一芽二叶期2月28日（2月25日至3月2日），一芽三叶长6.68cm，芽长2.68cm，一芽三叶百芽重81.40g。叶片稍上斜着生，叶长13.66cm，叶宽6.08cm，叶面积58.15cm^2，大叶，叶长宽比2.25，叶椭圆形，叶脉12对，叶色绿色，叶面隆起，叶身内折，叶质中，叶齿锐度中，叶齿密度中，叶齿深度中，叶基楔形，叶尖渐尖，叶缘波。盛花期10月中旬，萼片5枚，花萼色泽绿色，花萼有茸毛，花冠大小4.2cm×4.3cm，花瓣色泽白色，花瓣质地中，花瓣数8枚，子房有茸毛，花柱长1.6cm，柱头3裂，花柱裂位高，雌雄蕊高比高。果实形状球形，果实大小2.4cm×2.3cm，果皮厚0.09cm，种子形状球形，种径大小1.79cm×1.66cm，种皮色泽棕褐色，百粒重131.8g。春茶一芽二叶蒸青样水浸出物49.95%，咖啡碱3.15%，茶多酚18.61%，氨基酸3.36%，酚氨比值5.54。

236. 茶种质 FWQ095—2

由云南省农业科学院茶叶研究所以福鼎大白茶（♀）×温泉源头茶（♂）为亲本，从杂交 F1 中单株选择出种质资源材料。

小乔木，树姿半开展。发芽密度稀，芽叶色泽黄绿色，芽叶茸毛多，春茶一芽一叶期 2 月 23 日（2 月 21 日至 2 月 25 日），一芽二叶期 2 月 28 日（2 月 25 日至 3 月 2 日），一芽三叶长 8.32cm，芽长 3.28cm，一芽三叶百芽重 98.80g。叶片稍上斜着生，叶长 14.72cm，叶宽 5.36cm，叶面积 55.23cm^2，大叶，叶长宽比 2.75，叶长椭圆形，叶脉 13 对，叶色黄绿色，叶面隆起，叶身内折，叶质中，叶齿锐度锐，叶齿密度中，叶齿深度中，叶基楔形，叶尖渐尖，叶缘平。盛花期 9 月下旬，萼片 5 枚，花萼色泽绿色，花萼有茸毛，花冠大小 5.1cm×4.2cm，花瓣色泽白色，花瓣质地中，花瓣数 7 枚，子房有茸毛，花柱长 1.7cm，柱头 3 裂，花柱裂位高，雌雄蕊高比高。果实形状肾形，果实大小 3.1cm×2.3cm，果皮厚 0.10cm，种子形状球形，种径大小 1.54cm×1.50cm，种皮色泽棕褐色，百粒重 169.8g。春茶一芽二叶蒸青样水浸出物 45.28％，咖啡碱 3.38％，茶多酚 17.89％，氨基酸 1.92％，酚氨比值 9.32。

237. 茶种质 FWQ095—3

由云南省农业科学院茶叶研究所以福鼎大白茶（♀）× 温泉源头茶（♂）为亲本，从杂交 F1 中单株选择出种质资源材料。

小乔木，树姿直立。发芽密度中，芽叶色泽黄绿色，芽叶茸毛多，春茶一芽一叶期 2 月 18 日（2 月 16 日至 2 月 20 日），一芽二叶期 2 月 23 日（2 月 21 日至 2 月 25 日），一芽三叶长 8.08cm，芽长 3.22cm，一芽三叶百芽重 70.60g。叶片上斜着生，叶长 11.94cm，叶宽 5.14cm，叶面积 42.97cm²，大叶，叶长宽比 2.33，叶椭圆形，叶脉 11 对，叶色黄绿色，叶面隆起，叶身内折，叶质中，叶齿锐度锐，叶齿密度中，叶齿深度中，叶基楔形，叶尖渐尖，叶缘平。盛花期 9 月下旬，萼片 5 枚，花萼色泽绿色，花萼有茸毛，花冠大小 4.6cm×4.2cm，花瓣色泽淡绿色，花瓣质地中，花瓣数 7 枚，子房有茸毛，花柱长 1.6cm，柱头 3 裂，花柱裂位高，雌雄蕊高比等高。果实形状肾形，果实大小 2.8cm×2.0cm，果皮厚 0.09cm，种子形状球形，种径大小 1.61cm×1.57cm，种皮色泽棕褐色，百粒重 173.7g。春茶一芽二叶蒸青样水浸出物 46.85 %，咖啡碱 3.60 %，茶多酚 18.51 %，氨基酸 1.79 %，酚氨比值 10.34。

238. 茶种质 FWQ095—4

　　由云南省农业科学院茶叶研究所以福鼎大白茶（♀）×温泉源头茶（♂）为亲本，从杂交 F1 中单株选择出种质资源材料。

　　小乔木，树姿半开展。发芽密度稀，芽叶色泽黄绿色，芽叶茸毛多，春茶一芽一叶期 2 月 28 日（2 月 26 日至 3 月 1 日），一芽二叶期 3 月 2 日（2 月 28 日至 3 月 5 日），一芽三叶长 7.06cm，芽长 3.00cm，一芽三叶百芽重 86.20g。叶片稍上斜着生，叶长 15.24cm，叶宽 5.86cm，叶面积 62.52cm²，特大叶，叶长宽比 2.60，叶长椭圆形，叶脉 11 对，叶色黄绿色，叶面微隆，叶身内折，叶质中，叶齿锐度中，叶齿密度中，叶齿深度中，叶基楔形，叶尖渐尖，叶缘波。盛花期 9 月下旬，萼片 5 枚，花萼色泽绿色，花萼有茸毛，花冠大小 4.5cm×4.4cm，花瓣色泽淡绿色，花瓣质地中，花瓣数 7 枚，子房有茸毛，花柱长 1.4cm，柱头 3 裂，花柱裂位高，雌雄蕊高比高。果实形状球形，果实大小 1.9m×2.3cm，果皮厚 0.09cm，种子形状球形，种径大小 1.77cm×1.78cm，种皮色泽棕褐色，百粒重 129.1g。春茶一芽二叶蒸青样水浸出物 47.58％，咖啡碱 4.08％，茶多酚 22.22％，氨基酸 1.87％，酚氨比值 11.88。

239. 茶种质 FWQ095—5

由云南省农业科学院茶叶研究所以福鼎大白茶（♀）×温泉源头茶（♂）为亲本，从杂交 F1 中单株选择出种质资源材料。

小乔木，树姿半开展。发芽密度密，芽叶色泽黄绿色，芽叶茸毛多，春茶一芽一叶期 2 月 18 日（2 月 16 日至 2 月 20 日），一芽二叶期 2 月 23 日（2 月 21 日至 2 月 25 日），一芽三叶长 4.44cm，芽长 2.08cm，一芽三叶百芽重 46.00g。叶片水平着生，叶长 10.66cm，叶宽 4.60cm，叶面积 34.33cm²，中叶，叶长宽比 2.32，叶椭圆形，叶脉 9 对，叶色黄绿色，叶面隆起，叶身内折，叶质中，叶齿锐度中，叶齿密度密，叶齿深度中，叶基楔形，叶尖渐尖，叶缘平。盛花期 9 月下旬，萼片 5 枚，花萼色泽绿色，花萼有茸毛，花冠大小 4.4cm×4.0cm，花瓣色泽白色，花瓣质地中，花瓣数 6 枚，子房有茸毛，花柱长 1.5cm，柱头 3 裂，花柱裂位高，雌雄蕊高比等高。果实形状球形，果实大小 2.1cm×2.5cm，果皮厚 0.08cm，种子形状球形，种径大小 1.82cm×1.54cm，种皮色泽棕褐色，百粒重 130g。春茶一芽二叶蒸青样水浸出物 44.86％，咖啡碱 3.14％，茶多酚 17.06％，氨基酸 1.78％，酚氨比值 9.58。

240. 茶种质 FWQ095—6

由云南省农业科学院茶叶研究所以福鼎大白茶（♀）×温泉源头茶（♂）为亲本，从杂交 F1 中单株选择出种质资源材料。

小乔木，树姿半开展。发芽密度稀，芽叶色泽黄绿色，芽叶茸毛多，春茶一芽一叶期 2 月 28 日（2 月 26 日至 3 月 1 日），一芽二叶期 3 月 2 日（2 月 28 日至 3 月 5 日），一芽三叶长 6.28cm，芽长 2.72cm，一芽三叶百芽重 63.20g。叶片上斜着生，叶长 13.82cm，叶宽 5.66cm，叶面积 54.77cm²，大叶，叶长宽比 2.45，叶椭圆形，叶脉 11 对，叶色黄绿色，叶面隆起，叶身内折，叶质中，叶齿锐度锐，叶齿密度密，叶齿深度中，叶基楔形，叶尖渐尖，叶缘波。盛花期 9 月下旬，萼片 5 枚，花萼色泽绿色，花萼有茸毛，花冠大小 4.3cm×4.4cm，花瓣色泽淡绿色，花瓣质地中，花瓣数 6 枚，子房有茸毛，花柱长 1.6cm，柱头 3 裂，花柱裂位高，雌雄蕊高比等高。果实形状三角形，果实大小 2.4cm×2.1cm，果皮厚 0.09cm，种子形状球形，种径大小 1.79cm×1.60cm，种皮色泽棕褐色，百粒重 131g。春茶一芽二叶蒸青样水浸出物 40.36 %，咖啡碱 4.90 %，茶多酚 23.69 %，氨基酸 1.97 %，酚氨比值 12.03。

241. 茶种质 FWQ095—8

由云南省农业科学院茶叶研究所以福鼎大白茶（♀）×温泉源头茶（♂）为亲本，从杂交 F1 中单株选择出种质资源材料。

小乔木，树姿半开展。发芽密度中，芽叶色泽黄绿色，芽叶茸毛中，春茶一芽一叶期 2 月 18 日（2 月 16 日至 2 月 20 日），一芽二叶期 2 月 23 日（2 月 21 日至 2 月 25 日），一芽三叶长 5.84cm，芽长 2.62cm，一芽三叶百芽重 52.40g。叶片上斜着生，叶长 14.70cm，叶宽 5.44cm，叶面积 55.98cm²，大叶，叶长宽比 2.71，叶长椭圆形，叶脉 13 对，叶色黄绿色，叶面隆起，叶身内折，叶质中，叶齿锐度锐，叶齿密度密，叶齿深度中，叶基楔形，叶尖渐尖，叶缘波。盛花期 9 月下旬，萼片 5 枚，花萼色泽绿色，花萼有茸毛，花冠大小 4.2cm×3.7cm，花瓣色泽白色，花瓣质地中，花瓣数 6 枚，子房有茸毛，花柱长 1.4cm，柱头 3 裂，花柱裂位高，雌雄蕊高比高。果实形状肾形，果实大小 2.3cm×1.9cm，果皮厚 0.11cm，种子形状球形，种径大小 1.57cm×1.60cm，种皮色泽棕褐色，百粒重 221.7g。春茶一芽二叶蒸青样水浸出物 45.70 %，咖啡碱 3.79 %，茶多酚 18.48 %，氨基酸 2.92 %，酚氨比值 6.33。

242. 茶种质 FWQ095—9

由云南省农业科学院茶叶研究所以福鼎大白茶（♀）× 温泉源头茶（♂）为亲本，从杂交 F1 中单株选择出种质资源材料。

小乔木，树姿直立。发芽密度稀，芽叶色泽黄绿色，芽叶茸毛中，春茶一芽一叶期 2 月 23 日（2 月 21 日至 2 月 25 日），一芽二叶期 2 月 28 日（2 月 25 日至 3 月 2 日），一芽三叶长 7.82cm，芽长 3.28cm，一芽三叶百芽重 93.00g。叶片稍上斜着生，叶长 11.72cm，叶宽 5.70cm，叶面积 46.77cm²，大叶，叶长宽比 2.06，叶椭圆形，叶脉 11 对，叶色黄绿色，叶面隆起，叶身内折，叶质中，叶齿锐度锐，叶齿密度中，叶齿深度中，叶基楔形，叶尖渐尖，叶缘波。盛花期 9 月中旬，萼片 5 枚，花萼色泽绿色，花萼有茸毛，花冠大小 5.1cm×4.8cm，花瓣色泽淡绿色，花瓣质地中，花瓣数 6 枚，子房有茸毛，花柱长 1.5cm，柱头 3 裂，花柱裂位高，雌雄蕊高比等高。果实形状球形，果实大小 1.9cm×1.8cm，果皮厚 0.09cm，种子形状球形，种径大小 1.42cm×1.45cm，种皮色泽棕褐色，百粒重 160g。春茶一芽二叶蒸青样水浸出物 53.10%，咖啡碱 4.10%，茶多酚 22.07%，氨基酸 1.62%，酚氨比值 13.62。

243. 茶种质 FWQ095—10

由云南省农业科学院茶叶研究所以福鼎大白茶（♀）× 温泉源头茶（♂）为亲本，从杂交 F1 中单株选择出种质资源材料。

小乔木，树姿半开展。发芽密度中，芽叶色泽黄绿色，芽叶茸毛中，春茶一芽一叶期 3 月 2 日（2 月 28 日至 3 月 5 日），一芽二叶期 3 月 7 日（3 月 5 日至 3 月 9 日），一芽三叶长 6.20cm，芽长 2.66cm，一芽三叶百芽重 67.80g。叶片上斜着生，叶长 12.24cm，叶宽 4.72cm，叶面积 40.45cm^2，大叶，叶长宽比 2.60，叶长椭圆形，叶脉 11 对，叶色黄绿色，叶面微隆，叶身内折，叶质中，叶齿锐度锐，叶齿密度中，叶齿深度中，叶基楔形，叶尖渐尖，叶缘平。盛花期 9 月中旬，萼片 5 枚，花萼色泽绿色，花萼有茸毛，花冠大小 4.8cm×4.6cm，花瓣色泽白色，花瓣质地中，花瓣数 6 枚，子房有茸毛，花柱长 1.5cm，柱头 3 裂，花柱裂位中，雌雄蕊高比等高。果实形状球形，果实大小 1.8cm×2.1cm，果皮厚 0.08cm，种子形状球形，种径大小 1.62cm×1.56cm，种皮色泽棕褐色，百粒重 163.3g。春茶一芽二叶蒸青样水浸出物 47.73 ％，咖啡碱 4.44 ％，茶多酚 19.75 ％，氨基酸 3.35 ％，酚氨比值 5.90。

244. 茶种质 FWQ095—11

由云南省农业科学院茶叶研究所以福鼎大白茶（♀）× 温泉源头茶（♂）为亲本，从杂交 F1 中单株选择出种质资源材料。

小乔木，树姿半开展。发芽密度中，芽叶色泽黄绿色，芽叶茸毛多，春茶一芽一叶期 2 月 23 日（2 月 21 日至 2 月 25 日），一芽二叶期 2 月 28 日（2 月 25 日至 3 月 2 日），一芽三叶长 7.00cm，芽长 3.00cm，一芽三叶百芽重 61.20g。叶片稍上斜着生，叶长 12.90cm，叶宽 5.30cm，叶面积 47.86cm²，大叶，叶长宽比 2.44，叶椭圆形，叶脉 12 对，叶色黄绿色，叶面隆起，叶身内折，叶质中，叶齿锐度锐，叶齿密度密，叶齿深度中，叶基楔形，叶尖渐尖，叶缘平。盛花期 9 月下旬，萼片 5 枚，花萼色泽绿色，花萼有茸毛，花冠大小 4.9cm×4.6cm，花瓣色泽淡绿色，花瓣质地中，花瓣数 6 枚，子房有茸毛，花柱长 1.6cm，柱头 3 裂，花柱裂位高，雌雄蕊高比高。果实形状肾形，果实大小 2.8cm×2.4cm，果皮厚 0.09cm，种子形状球形，种径大小 1.58cm×1.68cm，种皮色泽褐色，百粒重 154.2g。春茶一芽二叶蒸青样水浸出物 47.04 %，咖啡碱 3.75 %，茶多酚 19.89 %，氨基酸 3.36 %，酚氨比值 5.92。

245. 茶种质 FWQ095—12

由云南省农业科学院茶叶研究所以福鼎大白茶（♀）× 温泉源头茶（♂）为亲本，从杂交 F1 中单株选择出种质资源材料。

小乔木，树姿开展。发芽密度中，芽叶色泽黄绿色，芽叶茸毛多，春茶一芽一叶期 2 月 23 日（2 月 21 日至 2 月 25 日），一芽二叶期 2 月 28 日（2 月 25 日至 3 月 2 日），一芽三叶长 5.60cm，芽长 2.38cm，一芽三叶百芽重 55.40g。叶片稍上斜着生，叶长 11.76cm，叶宽 5.28cm，叶面积 43.47cm²，大叶，叶长宽比 2.23，叶椭圆形，叶脉 12 对，叶色绿色，叶面隆起，叶身内折，叶质中，叶齿锐度锐，叶齿密度中，叶齿深度中，叶基楔形，叶尖渐尖，叶缘波。盛花期 9 月下旬，萼片 5 枚，花萼色泽绿色，花萼有茸毛，花冠大小 4.1cm×3.8cm，花瓣色泽白色，花瓣质地中，花瓣数 6 枚，子房有茸毛，花柱长 1.4cm，柱头 3 裂，花柱裂位高，雌雄蕊高比高。果实形状球形，果实大小 2.0cm×1.9cm，果皮厚 0.12cm，种子形状似肾形，种径大小 1.60cm×1.38cm，种皮色泽棕褐色，百粒重 180g。春茶一芽二叶蒸青样水浸出物 47.90%，咖啡碱 3.07%，茶多酚 21.13%，氨基酸 3.21%，酚氨比值 6.58。

246. 茶种质 FWQ095—15

　　由云南省农业科学院茶叶研究所以福鼎大白茶（♀）×温泉源头茶（♂）为亲本，从杂交 F1 中单株选择出种质资源材料。

　　小乔木，树姿半开展。发芽密度中，芽叶色泽黄绿色，芽叶茸毛多，春茶一芽一叶期 2 月 23 日（2 月 21 日至 2 月 25 日），一芽二叶期 2 月 28 日（2 月 25 日至 3 月 2 日），一芽三叶长 6.36cm，芽长 2.98cm，一芽三叶百芽重 58.00g。叶片稍上斜着生，叶长 12.74cm，叶宽 5.26cm，叶面积 46.92cm^2，大叶，叶长宽比 2.43，叶椭圆形，叶脉 12 对，叶色黄绿色，叶面隆起，叶身内折，叶质中，叶齿锐度锐，叶齿密度中，叶齿深度中，叶基楔形，叶尖渐尖，叶缘平。盛花期 10 月上旬，萼片 5 枚，花萼色泽绿色，花萼有茸毛，花冠大小 5.1cm×4.9cm，花瓣色泽白色，花瓣质地中，花瓣数 7 枚，子房有茸毛，花柱长 1.6cm，柱头 3 裂，花柱裂位高，雌雄蕊高比高。果实形状球形，果实大小 2.2cm×2.1cm，果皮厚 0.12cm，种子形状球形，种径大小 1.52cm×1.54cm，种皮色泽棕褐色，百粒重 221g。春茶一芽二叶蒸青样水浸出物 47.00％，咖啡碱 4.09％，茶多酚 19.40％，氨基酸 2.75％，酚氨比值 7.05。

247. 茶种质 FWQ095—16

由云南省农业科学院茶叶研究所以福鼎大白茶（♀）× 温泉源头茶（♂）为亲本，从杂交 F1 中单株选择出种质资源材料。

小乔木，树姿直立。发芽密度密，芽叶色泽黄绿色，芽叶茸毛多，春茶一芽一叶期 2 月 18 日（2 月 16 日至 2 月 20 日），一芽二叶期 2 月 23 日（2 月 21 日至 2 月 25 日），一芽三叶长 5.36cm，芽长 2.68cm，一芽三叶百芽重 71.20g。叶片稍上斜着生，叶长 13.66cm，叶宽 5.64cm，叶面积 53.94cm^2，大叶，叶长宽比 2.43，叶椭圆形，叶脉 11 对，叶色黄绿色，叶面隆起，叶身内折，叶质中，叶齿锐度中，叶齿密度密，叶齿深度中，叶基楔形，叶尖渐尖，叶缘波。盛花期 9 月中旬，萼片 5 枚，花萼色泽绿色，花萼有茸毛，花冠大小 4.4cm×4.2cm，花瓣色泽白色，花瓣质地中，花瓣数 7 枚，子房有茸毛，花柱长 1.5cm，柱头 3 裂，花柱裂位高，雌雄蕊高比高。果实形状球形，果实大小 2.4cm×2.3cm，果皮厚 0.1cm，种子形状球形，种径大小 1.74cm×1.8cm，种皮色泽棕色，百粒重 312.5g。春茶一芽二叶蒸青样水浸出物 46.65 ％，咖啡碱 3.36 ％，茶多酚 17.40 ％，氨基酸 3.38 ％，酚氨比值 5.15。

248. 茶种质 FWQ095—18

由云南省农业科学院茶叶研究所以福鼎大白茶（♀）×温泉源头茶（♂）为亲本，从杂交 F1 中单株选择出种质资源材料。

小乔木，树姿半开展。发芽密度中，芽叶色泽黄绿色，芽叶茸毛多，春茶一芽一叶期 2 月 28 日（2 月 26 日至 3 月 1 日），一芽二叶期 3 月 2 日（2 月 28 日至 3 月 5 日），一芽三叶长 6.32cm，芽长 2.92cm，一芽三叶百芽重 62.20g。叶片稍上斜着生，叶长 12.46cm，叶宽 4.50cm，叶面积 39.25cm²，中叶，叶长宽比 2.77，叶长椭圆形，叶脉 11 对，叶色黄绿色，叶面隆起，叶身内折，叶质中，叶齿锐度锐，叶齿密度密，叶齿深度深，叶基楔形，叶尖渐尖，叶缘波。盛花期 10 月上旬，萼片 5 枚，花萼色泽绿色，花萼有茸毛，花冠大小 4.1cm×4.0cm，花瓣色泽白色，花瓣质地中，花瓣数 6 枚，子房有茸毛，花柱长 1.5cm，柱头 3 裂，花柱裂位高，雌雄蕊高比等高。果实形状三角形，果实大小 2.7cm×2.2cm，果皮厚 0.09cm，种子形状球形，种径大小 1.68cm×1.66cm，种皮色泽棕褐色，百粒重 280g。春茶一芽二叶蒸青样水浸出物 51.73%，咖啡碱 3.56%，茶多酚 21.55%，氨基酸 2.52%，酚氨比值 8.55。

249. 茶种质 FWQ095—20

由云南省农业科学院茶叶研究所以福鼎大白茶（♀）×温泉源头茶（♂）为亲本，从杂交 F1 中单株选择出种质资源材料。

小乔木，树姿半开展。发芽密度稀，芽叶色泽黄绿色，芽叶茸毛中，春茶一芽一叶期 3 月 7 日（3 月 5 日至 3 月 9 日），一芽二叶期 3 月 14 日（3 月 10 日至 3 月 18 日），一芽三叶长 8.32cm，芽长 3.52cm，一芽三叶百芽重 86.20g。叶片上斜着生，叶长 13.56cm，叶宽 4.66 cm，叶面积 44.24cm^2，大叶，叶长宽比 2.91，叶长椭圆形，叶脉 11 对，叶色黄绿色，叶面隆起，叶身内折，叶质中，叶齿锐度锐，叶齿密度密，叶齿深度中，叶基楔形，叶尖渐尖，叶缘波。盛花期 9 月下旬，萼片 5 枚，花萼色泽绿色，花萼有茸毛，花冠大小 4.4cm×4.2cm，花瓣色泽白色，花瓣质地中，花瓣数 6 枚，子房有茸毛，花柱长 1.5cm，柱头 3 裂，花柱裂位高，雌雄蕊高比等高。果实形状肾形，果实大小 3.5cm×2.8cm，果皮厚 0.08cm，种子形状球形，种径大小 1.62cm×1.99cm，种皮色泽棕褐色，百粒重 110.5g。春茶一芽二叶蒸青样水浸出物 51.90%，咖啡碱 4.36%，茶多酚 23.27%，氨基酸 2.39%，酚氨比值 9.74。

250. 茶种质 FWQ095—22

由云南省农业科学院茶叶研究所以福鼎大白茶（♀）×温泉源头茶（♂）为亲本，从杂交F1中单株选择出种质资源材料。

小乔木，树姿直立。发芽密度稀，芽叶色泽黄绿色，芽叶茸毛中，春茶一芽一叶期3月7日（3月5日至3月9日），一芽二叶期3月14日（3月10日至3月18日），一芽三叶长6.72cm，芽长2.72cm，一芽三叶百芽重59.80g。叶片上斜着生，叶长9.76cm，叶宽3.70cm，叶面积25.29cm^2，中叶，叶长宽比2.64，叶长椭圆形，叶脉11对，叶色黄绿色，叶面隆起，叶身内折，叶质中，叶齿锐度锐，叶齿密度密，叶齿深度中，叶基楔形，叶尖渐尖，叶缘波。盛花期9月中旬，萼片5枚，花萼色泽绿色，花萼有茸毛，花冠大小3.8cm×3.6cm，花瓣色泽白色，花瓣质地中，花瓣数7枚，子房有茸毛，花柱长1.4cm，柱头3裂，花柱裂位高，雌雄蕊高比高。果实形状球形，果实大小2.1cm×2.1cm，果皮厚0.11cm，种子形状球形，种径大小1.55cm×1.67cm，种皮色泽棕褐色，百粒重226.7g。春茶一芽二叶蒸青样水浸出物45.32%，咖啡碱4.19%，茶多酚18.78%，氨基酸2.40%，酚氨比值7.83。

251. 茶种质 FWQ095—23

由云南省农业科学院茶叶研究所以福鼎大白茶（♀）×温泉源头茶（♂）为亲本，从杂交 F1 中单株选择出种质资源材料。

小乔木，树姿半开展。发芽密度稀，芽叶色泽黄绿色，芽叶茸毛中，春茶一芽一叶期2月28日（2月25日至3月2日），一芽二叶期3月7日（3月5日至3月9日），一芽三叶长5.64cm，芽长2.58cm，一芽三叶百芽重63.40g。叶片上斜着生，叶长11.34cm，叶宽4.86cm，叶面积38.59cm²，中叶，叶长宽比2.34，叶椭圆形，叶脉11对，叶色黄绿色，叶面微隆，叶身内折，叶质中，叶齿锐度中，叶齿密度密，叶齿深度中，叶基楔形，叶尖渐尖，叶缘微波。盛花期9月中旬，萼片5枚，花萼色泽绿色，花萼有茸毛，花冠大小4.4cm×4.1cm，花瓣色泽白色，花瓣质地中，花瓣数7枚，子房有茸毛，花柱长1.6cm，柱头3裂，花柱裂位中，雌雄蕊高比高。果实形状球形，果实大小1.8cm×1.7cm，果皮厚0.09cm，种子形状球形，种径大小1.45cm×1.43cm，种皮色泽棕褐色，百粒重152.0g。春茶一芽二叶蒸青样水浸出物46.33%，咖啡碱3.11%，茶多酚18.84%，氨基酸2.57%，酚氨比值7.33。

252. 茶种质 FWQ095—24

由云南省农业科学院茶叶研究所以福鼎大白茶（♀）×温泉源头茶（♂）为亲本，从杂交F1中单株选择出种质资源材料。

小乔木，树姿半开展。发芽密度稀，芽叶色泽黄绿色，芽叶茸毛多，春茶一芽一叶期2月28日（2月25日至3月2日），一芽二叶期3月7日（3月5日至3月9日），一芽三叶长5.44cm，芽长2.78cm，一芽三叶百芽重89.40g。叶片稍上斜着生，叶长11.94cm，叶宽4.78cm，叶面积39.96cm²，中叶，叶长宽比2.50，叶椭圆形，叶脉10对，叶色黄绿色，叶面微隆，叶身内折，叶质中，叶齿锐度锐，叶齿密度密，叶齿深度中，叶基楔形，叶尖渐尖，叶缘平。盛花期9月中旬，萼片5枚，花萼色泽绿色，花萼有茸毛，花冠大小4.8cm×4.5cm，花瓣色泽白色，花瓣质地中，花瓣数6枚，子房有茸毛，花柱长1.6cm，柱头3裂，花柱裂位高，雌雄蕊高比高。果实形状球形，果实大小2.9cm×2.5cm，果皮厚0.12cm，种子形状球形，种径大小1.80cm×1.87cm，种皮色泽棕褐色，百粒重266g。春茶一芽二叶蒸青样水浸出物48.32%，咖啡碱3.78%，茶多酚21.09%，氨基酸1.87%，酚氨比值11.28。

253. 茶种质 FWQ095—25

由云南省农业科学院茶叶研究所以福鼎大白茶（♀）×温泉源头茶（♂）为亲本，从杂交F1中单株选择出种质资源材料。

小乔木，树姿直立。发芽密度中，芽叶色泽黄绿色，芽叶茸毛多，春茶一芽一叶期2月28日（2月26日至3月1日），一芽二叶期3月2日（2月28日至3月5日），一芽三叶长6.82cm，芽长2.76cm，一芽三叶百芽重84.20g。叶片上斜着生，叶长13.06cm，叶宽4.54cm，叶面积41.51cm²，大叶，叶长宽比2.88，叶长椭圆形，叶脉11对，叶色黄绿色，叶面微隆，叶身内折，叶质中，叶齿锐度锐，叶齿密度密，叶齿深度中，叶基楔形，叶尖渐尖，叶缘波。盛花期9月中旬，萼片5枚，花萼色泽绿色，花萼有茸毛，花冠大小4.5cm×4.1cm，花瓣色泽白色，花瓣质地中，花瓣数7枚，子房有茸毛，花柱长1.7cm，柱头3裂，花柱裂位高，雌雄蕊高比高。果实形状球形，果实大小2.2cm×2.0cm，果皮厚0.08cm，种子形状球形，种径大小1.65cm×1.78cm，种皮色泽棕褐色，百粒重286.7g。春茶一芽二叶蒸青样水浸出物47.55％，咖啡碱3.98％，茶多酚16.43％，氨基酸2.59％，酚氨比值6.34。

254. 茶种质 FWQ095—26

由云南省农业科学院茶叶研究所以福鼎大白茶（♀）× 温泉源头茶（♂）为亲本，从杂交 F1 中单株选择出种质资源材料。

小乔木，树姿半开展。发芽密度稀，芽叶色泽黄绿色，芽叶茸毛多，春茶一芽一叶期 2 月 23 日（2 月 21 日至 2 月 25 日），一芽二叶期 3 月 2 日（2 月 28 日至 3 月 5 日），一芽三叶长 6.62cm，芽长 3.00cm，一芽三叶百芽重 73.00g。叶片稍上斜着生，叶长 11.24cm，叶宽 5.02cm，叶面积 39.51cm²，大叶，叶长宽比 2.24，叶椭圆形，叶脉 9 对，叶色黄绿色，叶面微隆，叶身内折，叶质中，叶齿锐度锐，叶齿密度密，叶齿深度中，叶基楔形，叶尖渐尖，叶缘微波。盛花期 11 月上旬，萼片 5 枚，花萼色泽绿色，花萼有茸毛，花冠大小 4.6cm×4.0cm，花瓣色泽白色，花瓣质地中，花瓣数 6 枚，子房有茸毛，花柱长 1.5cm，柱头 3 裂，花柱裂位中，雌雄蕊高比等高。果实形状球形，果实大小 2.0cm×2.3cm，果皮厚 0.1cm，种子形状球形，种径大小 1.77cm×1.73cm，种皮色泽棕褐色，百粒重 240g。春茶一芽二叶蒸青样水浸出物 40.65 %，咖啡碱 4.20 %，茶多酚 20.10 %，氨基酸 1.97 %，酚氨比值 10.20。

255. 茶种质 FWQ095—27

由云南省农业科学院茶叶研究所以福鼎大白茶（♀）×温泉源头茶（♂）为亲本，从杂交F1中单株选择出种质资源材料。

小乔木，树姿半开展。发芽密度中，芽叶色泽黄绿色，芽叶茸毛多，春茶一芽一叶期3月7日（3月5日至3月9日），一芽二叶期3月14日（3月10日至3月18日），一芽三叶长7.58cm，芽长3.30cm，一芽三叶百芽重80.60g。叶片上斜着生，叶长15.88cm，叶宽5.72cm，叶面积63.59cm²，特大叶，叶长宽比2.78，叶长椭圆形，叶脉10对，叶色黄绿色，叶面微隆，叶身内折，叶质中，叶齿锐度中，叶齿密度中，叶齿深度浅，叶基楔形，叶尖渐尖，叶缘微波。盛花期10月上旬，萼片5枚，花萼色泽绿色，花萼有茸毛，花冠大小4.6cm×4.2cm，花瓣色泽白色，花瓣质地中，花瓣数6枚，子房有茸毛，花柱长1.8cm，柱头3裂，花柱裂位高，雌雄蕊高比高。果实形状肾形，果实大小2.5cm×1.6cm，果皮厚0.10cm，种子形状球形，种径大小1.60cm×1.62cm，种皮色泽棕褐色，百粒重128g。春茶一芽二叶蒸青样水浸出物51.11％，咖啡碱4.20％，茶多酚21.29％，氨基酸2.18％，酚氨比值9.77。

256. 茶种质 FGY095—28

由云南省农业科学院茶叶研究所以福鼎大白茶（♀）×观音山红叶茶（♂）为亲本，从杂交 F1 中单株选择出种质资源材料。

小乔木，树姿半开展。发芽密度稀，芽叶色泽黄绿色，芽叶茸毛中，春茶一芽一叶期 2 月 28 日（2 月 25 日至 3 月 2 日），一芽二叶期 3 月 7 日（3 月 5 日至 3 月 9 日），一芽三叶长 10.44cm，芽长 3.84cm，一芽三叶百芽重 108.80g。叶片稍上斜着生，叶长 13.24cm，叶宽 5.66cm，叶面积 52.46cm²，大叶，叶长宽比 2.34，叶椭圆形，叶脉 12 对，叶色黄绿色，叶面隆起，叶身平，叶质中，叶齿锐度中，叶齿密度中，叶齿深度中，叶基楔形，叶尖渐尖，叶缘微波。盛花期 9 月中旬，萼片 5 枚，花萼色泽绿色，花萼有茸毛，花冠大小 5.4cm×5.1cm，花瓣色泽白色，花瓣质地中，花瓣数 6 枚，子房有茸毛，花柱长 1.5cm，柱头 3 裂，花柱裂位中，雌雄蕊高比低。果实形状球形，果实大小 1.9cm×2.0cm，果皮厚 0.09cm，种子形状球形，种径大小 1.43cm×1.46cm，种皮色泽棕褐色，百粒重 161.4g。春茶一芽二叶蒸青样水浸出物 48.02％，咖啡碱 3.87％，茶多酚 22.18％，氨基酸 2.78％，酚氨比值 7.98。

257. 茶种质 FGY095—30

由云南省农业科学院茶叶研究所以福鼎大白茶（♀）×观音山红叶茶（♂）为亲本，从杂交 F1 材料中单株选择出的高茶多酚特异种质资源材料。

小乔木，树姿直立。发芽密度稀，芽叶色泽黄绿色，芽叶茸毛中，春茶一芽一叶期 3 月 2 日（2 月 28 日至 3 月 5 日），一芽二叶期 3 月 7 日（3 月 5 日至 3 月 9 日），一芽三叶长 7.28cm，芽长 2.88cm，一芽三叶百芽重 68.80g。叶片上斜着生，叶长 13.64cm，叶宽 5.22cm，叶面积 49.84cm²，大叶，叶长宽比 2.62，叶长椭圆形，叶脉 11 对，叶色黄绿色，叶面隆起，叶身内折，叶质中，叶齿锐度中，叶齿密度密，叶齿深度中，叶基楔形，叶尖渐尖，叶缘微波。盛花期 9 月中旬，萼片 5 枚，花萼色泽绿色，花萼有茸毛，花冠大小 4.1cm×3.9cm，花瓣色泽白色，花瓣质地中，花瓣数 7 枚，子房有茸毛，花柱长 1.4cm，柱头 3 裂，花柱裂位高，雌雄蕊高比等高。果实形状球形，果实大小 1.8cm×2.3cm，果皮厚 0.08cm，种子形状球形，种径大小 1.45cm×1.46cm，种皮色泽棕褐色，百粒重 160g。春茶一芽二叶蒸青样水浸出物 54.77％，咖啡碱 3.12％，茶多酚 26.29％，氨基酸 2.31％，酚氨比值 11.38。

258. 茶种质 FGY095—31

由云南省农业科学院茶叶研究所以福鼎大白茶（♀）×观音山红叶茶（♂）为亲本，从杂交 F1 中单株选择出特异种质资源材料。

小乔木，树姿半开展。发芽密度稀，芽叶色泽紫绿色，芽叶茸毛多，新梢叶柄基部花青苷显色。春茶一芽一叶期 3 月 2 日（2 月 28 日至 3 月 5 日），一芽二叶期 3 月 7 日（3 月 5 日至 3 月 9 日），一芽三叶长 7.52cm，芽长 3.00cm，一芽三叶百芽重 72.00g。叶片上斜着生，叶长 12.00cm，叶宽 4.84cm，叶面积 40.66cm^2，大叶，叶长宽比 2.48，叶椭圆形，叶脉 11 对，叶色黄绿色，叶面隆起，叶身内折，叶质中，叶齿锐度锐，叶齿密度密，叶齿深度中，叶基楔形，叶尖渐尖，叶缘微波。盛花期 9 月中旬，萼片 5 枚，花萼色泽绿色，花萼有茸毛，花冠大小 4.5cm×3.9cm，花瓣色泽白色，花瓣质地中，花瓣数 7 枚，子房有茸毛，花柱长 1.5cm，柱头 3 裂，花柱裂位高，雌雄蕊高比高。果实形状球形，果实大小 2.6cm×2.6cm，果皮厚 0.14cm，种子形状球形，种径大小 1.78cm×2.01cm，种皮色泽棕褐色，百粒重 186.3g。春茶一芽二叶蒸青样水浸出物 44.04％，咖啡碱 3.98％，茶多酚 22.41％，氨基酸 1.85％，酚氨比值 12.11。

259. 茶种质 FGY095—33

由云南省农业科学院茶叶研究所以福鼎大白茶（♀）×观音山红叶茶（♂）为亲本，从杂交 F1 中单株选择出种质资源材料。

小乔木，树姿半开展。发芽密度稀，芽叶色泽黄绿色，芽叶茸毛多，春茶一芽一叶期 2 月 28 日（2 月 25 日至 3 月 2 日），一芽二叶期 3 月 7 日（3 月 5 日至 3 月 9 日），一芽三叶长 7.16cm，芽长 2.76cm，一芽三叶百芽重 82.60g。叶片上斜着生，叶长 13.64cm，叶宽 5.06cm，叶面积 48.32cm²，大叶，叶长宽比 2.70，叶长椭圆形，叶脉 14 对，叶色黄绿色，叶面隆起，叶身内折，叶质中，叶齿锐度中，叶齿密度中，叶齿深度中，叶基楔形，叶尖渐尖，叶缘波。盛花期 9 月中旬，萼片 5 枚，花萼色泽绿色，花萼有茸毛，花冠大小 4.6cm×4.3cm，花瓣色泽白色，花瓣质地中，花瓣数 7 枚，子房有茸毛，花柱长 1.5cm，柱头 3 裂，花柱裂位高，雌雄蕊高比等高。果实形状球形，果实大小 1.8cm×2.1cm，果皮厚 0.15cm，种子形状球形，种径大小 1.35cm×1.50cm，种皮色泽棕褐色，百粒重 170g。春茶一芽二叶蒸青样水浸出物 43.60%，咖啡碱 4.95%，茶多酚 23.31%，氨基酸 1.85%，酚氨比值 12.60。

260. 茶种质 FGY095—35

由云南省农业科学院茶叶研究所以福鼎大白茶（♀）×观音山红叶茶（♂）为亲本，从杂交F1中单株选择出种质资源材料。

小乔木，树姿半开展。发芽密度稀，芽叶色泽黄绿色，芽叶茸毛多，春茶一芽一叶期2月15日（2月12日至2月18日），一芽二叶期2月18日（2月16日至2月20日），一芽三叶长5.92cm，芽长2.46cm，一芽三叶百芽重53.80g。叶片上斜着生，叶长10.98cm，叶宽4.58cm，叶面积35.21cm²，中叶，叶长宽比2.40，叶椭圆形，叶脉11对，叶色黄绿色，叶面隆起，叶身内折，叶质中，叶齿锐度锐，叶齿密度密，叶齿深度中，叶基楔形，叶尖渐尖，叶缘微波。盛花期9月中旬，萼片5枚，花萼色泽绿色，花萼有茸毛，花冠大小3.9cm×3.4cm，花瓣色泽白色，花瓣质地中，花瓣数6枚，子房有茸毛，花柱长1.5cm，柱头3裂，花柱裂位高，雌雄蕊高比高。果实形状肾形，果实大小1.7cm×1.5cm，果皮厚0.06cm，种子形状球形，种径大小1.15cm×1.24cm，种皮色泽棕褐色，百粒重120g。春茶一芽二叶蒸青样水浸出物48.65%，咖啡碱4.67%，茶多酚21.56%，氨基酸1.38%，酚氨比值15.62。

261. 茶种质 FGY096—1

由云南省农业科学院茶叶研究所以福鼎大白茶（♀）× 观音山红叶茶（♂）为亲本，从杂交 F1 中单株选择出特异种质资源材料。

小乔木，树姿半开展。发芽密度稀，芽叶色泽紫红色，芽叶茸毛中，新梢叶柄基部花青苷显色。春茶一芽一叶期 2 月 28 日（2 月 25 日至 3 月 2 日），一芽二叶期 3 月 7 日（3 月 5 日至 3 月 9 日），一芽三叶长 10.24cm，芽长 3.76cm，一芽三叶百芽重 108.20g。叶片上斜着生，叶长 15.86cm，叶宽 5.70cm，叶面积 63.29cm²，特大叶，叶长宽比 2.79，叶长椭圆形，叶脉 14 对，叶色绿色，叶面隆起，叶身内折，叶质中，叶齿锐度中，叶齿密度中，叶齿深度中，叶基楔形，叶尖渐尖，叶缘波。盛花期 9 月中旬，萼片 5 枚，花萼色泽绿色，花萼有茸毛，花冠大小 4.6cm×4.4cm，花瓣色泽白色，花瓣质地中，花瓣数 8 枚，子房有茸毛，花柱长 1.5cm，柱头 3 裂，花柱裂位中，雌雄蕊高比等高。果实形状三角形，果实大小 2.5cm×2.9cm，果皮厚 0.2cm，种子形状球形，种径大小 1.56cm×1.54cm，种皮色泽棕褐色，百粒重 227.5g。春茶一芽二叶蒸青样水浸出物 47.80％，咖啡碱 3.98％，茶多酚 18.22％，氨基酸 2.16％，酚氨比值 8.44。

262. 茶种质 FGY096—2

　　由云南省农业科学院茶叶研究所以福鼎大白茶（♀）×观音山红叶茶（♂）为亲本，从杂交F1中单株选择出种质资源材料。

　　小乔木，树姿直立。发芽密度稀，芽叶色泽黄绿色，芽叶茸毛中，春茶一芽一叶期2月28日（2月25日至3月2日），一芽二叶期3月7日（3月5日至3月9日），一芽三叶长7.10cm，芽长2.80cm，一芽三叶百芽重62.20g。叶片上斜着生，叶长13.28cm，叶宽4.86cm，叶面积45.18cm^2，大叶，叶长宽比2.74，叶长椭圆形，叶脉13对，叶色黄绿色，叶面微隆，叶身内折，叶质中，叶齿锐度锐，叶齿密度密，叶齿深度中，叶基楔形，叶尖渐尖，叶缘波。盛花期9月中旬，萼片5枚，花萼色泽绿色，花萼有茸毛，花冠大小4.2cm×4.1cm，花瓣

色泽白色，花瓣质地中，花瓣数7枚，子房有茸毛，花柱长1.4cm，柱头3裂，花柱裂位中，雌雄蕊高比等高。果实形状球形，果实大小1.9cm×1.6cm，果皮厚0.11cm，种子形状球形，种径大小1.57cm×1.62cm，种皮色泽棕褐色，百粒重180g。春茶一芽二叶蒸青样水浸出物42.73%，咖啡碱3.59%，茶多酚23.31%，氨基酸1.52%，酚氨比值15.34。

263. 茶种质 FGY096—5

由云南省农业科学院茶叶研究所以福鼎大白茶（♀）×观音山红叶茶（♂）为亲本，从杂交 F1 中单株选择出种质资源材料。

小乔木，树姿半开展。发芽密度稀，芽叶色泽黄绿色，芽叶茸毛多，春茶一芽一叶期 2 月 18 日（2 月 16 日至 2 月 20 日），一芽二叶期 2 月 23 日（2 月 21 日至 2 月 25 日），一芽三叶长 7.46cm，芽长 3.20cm，一芽三叶百芽重 74.60g。叶片稍上斜着生，叶长 11.46cm，叶宽 4.88cm，叶面积 39.16cm²，中叶，叶长宽比 2.35，叶椭圆形，叶脉 10 对，叶色黄绿色，叶面隆起，叶身内折，叶质中，叶齿锐度中，叶齿密度中，叶齿深度中，叶基楔形，叶尖渐尖，叶缘微波。盛花期 9 月中旬，萼片 5 枚，花萼色泽绿色，花萼有茸毛，花冠大小 5.0cm×4.4cm，花瓣色泽白色，花瓣质地中，花瓣数 7 枚，子房有茸毛，花柱长 1.4cm，柱头 3 裂，花柱裂位高，雌雄蕊高比等高。果实形状球形，果实大小 1.4cm×1.5cm，果皮厚 0.1cm，种子形状球形，种径大小 1.50cm×1.41cm，种皮色泽棕褐色，百粒重 160g。春茶一芽二叶蒸青样水浸出物 47.11 ％，咖啡碱 4.40 ％，茶多酚 16.46 ％，氨基酸 2.09 ％，酚氨比值 7.88。

264. 茶种质 FGY096—6

　　由云南省农业科学院茶叶研究所以福鼎大白茶（♀）×观音山红叶茶（♂）为亲本，从杂交 F1 中单株选择出种质资源材料。

　　小乔木，树姿直立。发芽密度稀，芽叶色泽黄绿色，芽叶茸毛特多，春茶一芽一叶期 2 月 23 日（2 月 21 日至 2 月 25 日），一芽二叶期 2 月 28 日（2 月 25 日至 3 月 2 日），一芽三叶长 5.52cm，芽长 2.58cm，一芽三叶百芽重 43.60g。叶片上斜着生，叶长 8.90cm，叶宽 3.52cm，叶面积 21.94cm^2，中叶，叶长宽比 2.53，叶长椭圆形，叶脉 11 对，叶色黄绿色，叶面隆起，叶身内折，叶质中，叶齿锐度锐，叶齿密度密，叶齿深度深，叶基楔形，叶尖渐尖，叶缘平。盛花期 9 月下旬，萼片 5 枚，花萼色泽绿色，花萼有茸毛，花冠大小 3.7cm×4.0cm，花瓣色泽白色，花瓣质地中，花瓣数 7 枚，子房有茸毛，花柱长 1.4cm，柱头 3 裂，花柱裂位高，雌雄蕊高比高。果实形状球形，果实大小 1.5cm×1.7cm，果皮厚 0.11cm，种子形状球形，种径大小 1.51cm×1.49cm，种皮色泽棕褐色，百粒重 167g。春茶一芽二叶蒸青样水浸出物 45.92％，咖啡碱 3.81％，茶多酚 19.52％，氨基酸 2.72％，酚氨比值 7.18。

265. 茶种质 FGY096—8

由云南省农业科学院茶叶研究所以福鼎大白茶（♀）× 观音山红叶茶（♂）为亲本，从杂交 F1 中单株选择出的特异种质资源材料。

小乔木，树姿半开展。发芽密度中，芽叶色泽紫红色，芽叶茸毛中，新梢叶柄基部花青甙显色。春茶一芽一叶期 3 月 7 日（3 月 5 日至 3 月 9 日），一芽二叶期 3 月 10 日（3 月 7 日至 3 月 13 日），一芽三叶长 7.76cm，芽长 2.80cm，一芽三叶百芽重 78.20g。叶片上斜着生，叶长 14.66cm，叶宽 5.80cm，叶面积 59.53cm^2，大叶，叶长宽比 2.53，叶长椭圆形，叶脉 15 对，叶色绿色，叶面隆起，叶身内折，叶质中，叶齿锐度锐，叶齿密度中，叶齿深度中，叶基楔形，叶尖渐尖，叶缘平。盛花期 9 月中旬，萼片 5 枚，花萼色泽绿色，花萼有茸毛，花冠大小 4.7cm×4.9cm，花瓣色泽白色，花瓣质地中，花瓣数 7 枚，子房有茸毛，花柱长 1.5cm，柱头 3 裂，花柱裂位中，雌雄蕊高比等高。果实形状球形，果实大小 2.2cm×2.3cm，果皮厚 0.16cm，种子形状球形，种径大小 1.78cm×1.74cm，种皮色泽棕褐色，百粒重 286.7g。春茶一芽二叶蒸青样水浸出物 55.77 %，咖啡碱 3.26 %，茶多酚 20.52 %，氨基酸 2.39 %，酚氨比值 8.59。

266. 茶种质 FGY096—9

由云南省农业科学院茶叶研究所以福鼎大白茶（♀）×观音山红叶茶（♂）为亲本，从杂交 F1 中单株选择出种质资源材料。

小乔木，树姿半开展。发芽密度稀，芽叶色泽黄绿色，芽叶茸毛中，春茶一芽一叶期 3 月 7 日（3 月 5 日至 3 月 9 日），一芽二叶期 3 月 10 日（3 月 7 日至 3 月 13 日），一芽三叶长 5.06cm，芽长 2.32cm，一芽三叶百芽重 55.40g。叶片稍上斜着生，叶长 11.66cm，叶宽 4.90cm，叶面积 40.00cm^2，大叶，叶长宽比 2.38，叶椭圆形，叶脉 12 对，叶色黄绿色，叶面隆起，叶身内折，叶质中，叶齿锐度中，叶齿密度中，叶齿深度中，叶基楔形，叶尖渐尖，叶缘平。盛花期 9 月中旬，萼片 5 枚，花萼色泽绿色，花萼有茸毛，花冠大小 4.3cm×4.3cm，花瓣色泽白色，花瓣质地中，花瓣数 8 枚，子房有茸毛，花柱长 1.7cm，柱头 3 裂，花柱裂位高，雌雄蕊高比高。果实形状球形，果实大小 1.92cm×1.8cm，果皮厚 0.08cm，种子形状球形，种径大小 1.52cm×1.55cm，种皮色泽棕褐色，百粒重 180g。春茶一芽二叶蒸青样水浸出物 45.11 ％，咖啡碱 4.71 ％，茶多酚 23.81 ％，氨基酸 2.74 ％，酚氨比值 8.69。

267. 茶种质 FTT096—12

由云南省农业科学院茶叶研究所以福鼎大白茶（♀）×团田大叶茶（♂）为亲本，从杂交 F1 中单株选择出种质资源材料。

小乔木，树姿半开展。发芽密度中，芽叶色泽黄绿色，芽叶茸毛中，春茶一芽一叶期 2 月 18 日（2 月 16 日至 2 月 20 日），一芽二叶期 2 月 23 日（2 月 21 日至 2 月 25 日），一芽三叶长 5.70cm，芽长 2.62cm，一芽三叶百芽重 57.00g。叶片上斜着生，叶长 10.32cm，叶宽 4.48cm，叶面积 32.37cm²，中叶，叶长宽比 2.31，叶椭圆形，叶脉 11 对，叶色黄绿色，叶面隆起，叶身内折，叶质中，叶齿锐度中，叶齿密度中，叶齿深度中，叶基楔形，叶尖渐尖，叶缘平。盛花期 9 月中旬，萼片 5 枚，花萼色泽绿色，花萼有茸毛，花冠大小 5.3cm×4.8cm，花瓣色泽白色，花瓣质地中，花瓣数 7 枚，子房有茸毛，花柱长 1.5cm，柱头 3 裂，花柱裂位低，雌雄蕊高比等高。果实形状肾形，果实大小 2.9m×2.3cm，果皮厚 0.1cm，种子形状球形，种径大小 1.82cm×1.75cm，种皮色泽棕褐色，百粒重 270.0g。春茶一芽二叶蒸青样水浸出物 50.14%，咖啡碱 3.62%，茶多酚 20.40%，氨基酸 1.53%，酚氨比值 13.33。

268. 茶种质 FTT096—13

　　由云南省农业科学院茶叶研究所以福鼎大白茶（♀）×团田大叶茶（♂）为亲本，从杂交 F1 中单株选择出种质资源材料。

　　小乔木，树姿开展。发芽密度中，芽叶色泽黄绿色，芽叶茸毛中，春茶一芽一叶期 2 月 23 日（2 月 21 日至 2 月 25 日），一芽二叶期 2 月 28 日（2 月 25 日至 3 月 2 日），一芽三叶长 6.52cm，芽长 2.66cm，一芽三叶百芽重 66.20g。叶片上斜着生，叶长 10.16cm，叶宽 4.42cm，叶面积 31.44cm^2，中叶，叶长宽比 2.30，叶椭圆形，叶脉 10 对，叶色黄绿色，叶面微隆，叶身内折，叶质中，叶齿锐度中，叶齿密度中，叶齿深度中，叶基楔形，叶尖渐尖，叶缘微波。盛花期 9 月中旬，萼片 5 枚，花萼色泽绿色，花萼有茸毛，花冠大小 4.6cm×4.0cm，花瓣色泽白色，花瓣质地中，花瓣数 6 枚，子房有茸毛，花柱长 1.5cm，柱头 3 裂，花柱裂位中，雌雄蕊高比等高。果实形状肾形，果实大小 2.4cm×1.9cm，果皮厚 0.15cm，种子形状球形，种径大小 1.39cm×1.58cm，种皮色泽棕褐色，百粒重 180g。春茶一芽二叶蒸青样水浸出物 49.79％，咖啡碱 3.80％，茶多酚 20.49％，氨基酸 3.07％，酚氨比值 6.67。

269. 茶种质 FTT096—14

由云南省农业科学院茶叶研究所以福鼎大白茶（♀）×团田大叶茶（♂）为亲本，从杂交 F1 中单株选择出种质资源材料。

小乔木，树姿直立。发芽密度密，芽叶色泽黄绿色，芽叶茸毛中，春茶一芽一叶期 2 月 15 日（2 月 12 日至 2 月 18 日），一芽二叶期 2 月 18 日（2 月 16 日至 2 月 20 日），一芽三叶长 4.96cm，芽长 2.24cm，一芽三叶百芽重 46.20g。叶片上斜着生，叶长 9.44cm，叶宽 4.22cm，叶面积 27.89cm²，中叶，叶长宽比 2.24，叶椭圆形，叶脉 10 对，叶色黄绿色，叶面微隆，叶身内折，叶质中，叶齿锐度中，叶齿密度中，叶齿深度中，叶基楔形，叶尖渐尖，叶缘平。盛花期 9 月中旬，萼片 5 枚，花萼色泽绿色，花萼有茸毛，花冠大小 4.3cm×4.0cm，花瓣色泽白色，花瓣质地中，花瓣数 7 枚，子房有茸毛，花柱长 1.1cm，柱头 3 裂，花柱裂位低，雌雄蕊高比低。果实形状球形，果实大小 1.6cm×1.7cm，果皮厚 0.12cm，种子形状球形，种径大小 1.69cm×1.54cm，种皮色泽棕褐色，百粒重 185g。春茶一芽二叶蒸青样水浸出物 48.40%，咖啡碱 3.82%，茶多酚 17.64%，氨基酸 1.93%，酚氨比值 9.14。

270. 茶种质 FTT096—15

由云南省农业科学院茶叶研究所以福鼎大白茶（♀）×团田大叶茶（♂）为亲本，从杂交F1中单株选择出种质资源材料。

小乔木，树姿直立。发芽密度稀，芽叶色泽黄绿色，芽叶茸毛中，春茶一芽一叶期2月23日（2月21日至2月25日），一芽二叶期2月28日（2月25日至3月2日），一芽三叶长5.58cm，芽长2.58cm，一芽三叶百芽重41.60g。叶片上斜着生，叶长10.76cm，叶宽4.56cm，叶面积34.35cm^2，中叶，叶长宽比2.36，叶椭圆形，叶脉11对，叶色黄绿色，叶面隆起，叶身内折，叶质中，叶齿锐度锐，叶齿密度密，叶齿深度中，叶基楔形，叶尖渐尖，叶缘波。盛花期9月中旬，萼片5枚，花萼色泽绿色，花萼有茸毛，花冠大小4.8cm×4.6cm，花瓣色泽白色，花瓣质地中，花瓣数6枚，子房有茸毛，花柱长1.4cm，柱头3裂，花柱裂位高，雌雄蕊高比等高。果实形状三角形，果实大小3.3cm×2.8cm，果皮厚0.11cm，种子形状球形，种径大小1.81cm×1.69cm，种皮色泽棕褐色，百粒重222g。春茶一芽二叶蒸青样水浸出物51.68％，咖啡碱3.99％，茶多酚21.36％，氨基酸2.37％，酚氨比值9.01。

271. 茶种质 FTT096—16

由云南省农业科学院茶叶研究所以福鼎大白茶（♀）×团田大叶茶（♂）为亲本，从杂交 F1 中单株选择出种质资源材料。

小乔木，树姿直立。发芽密度稀，芽叶色泽黄绿色，芽叶茸毛多，春茶一芽一叶期2月23日（2月21日至2月25日），一芽二叶期2月28日（2月25日至3月2日），一芽三叶长6.70cm，芽长3.10cm，一芽三叶百芽重84.00g。叶片上斜着生，叶长12.02cm，叶宽4.74cm，叶面积39.89cm²，中叶，叶长宽比2.54，叶长椭圆形，叶脉12对，叶色黄绿色，叶面隆起，叶身内折，叶质中，叶齿锐度锐，叶齿密度中，叶齿深度中，叶基楔形，叶尖渐尖，叶缘平。盛花期9月中旬，萼片5枚，花萼色泽绿色，花萼有茸毛，花冠大小4.7cm×4.8cm，花瓣色泽白色，花瓣质地中，花瓣数8枚，子房有茸毛，花柱长1.3cm，柱头3裂，花柱裂位高，雌雄蕊高比等高。果实形状球形，果实大小1.9cm×2.2cm，果皮厚0.11cm，种子形状球形，种径大小1.52cm×1.58cm，种皮色泽棕褐色，百粒重153.3g。春茶一芽二叶蒸青样水浸出物41.39%，咖啡碱3.46%，茶多酚20.71%，氨基酸2.37%，酚氨比值8.74。

272. 茶种质 FTT096—23

由云南省农业科学院茶叶研究所以福鼎大白茶（♀）×团田大叶茶（♂）为亲本，从杂交F1中单株选择出种质资源材料。

小乔木，树姿半开展。发芽密度稀，芽叶色泽黄绿色，芽叶茸毛多，春茶一芽一叶期2月15日（2月12日至2月18日），一芽二叶期2月18日（2月16日至2月20日），一芽三叶长6.12cm，芽长2.68cm，一芽三叶百芽重65.80g。叶片稍上斜着生，叶长12.08cm，叶宽4.56cm，叶面积38.57cm^2，中叶，叶长宽比2.65，叶长椭圆形，叶脉10对，叶色黄绿色，叶面隆起，叶身内折，叶质中，叶齿锐度中，叶齿密度密，叶齿深度中，叶基楔形，叶尖渐尖，叶缘平。盛花期9月中旬，萼片5枚，花萼色泽绿色，花萼有茸毛，花冠大小4.3cm×4.4cm，花瓣色泽白色，花瓣质地中，花瓣数8枚，子房有茸毛，花柱长1.4cm，柱头3裂，花柱裂位高，雌雄蕊高比等高。果实形状球形，果实大小1.8cm×2.4cm，果皮厚0.11cm，种子形状球形，种径大小1.33cm×1.4cm，种皮色泽棕褐色，百粒重145g。春茶一芽二叶蒸青样水浸出物46.99%，咖啡碱3.93%，茶多酚18.01%，氨基酸1.80%，酚氨比值10.01。

273. 茶种质 FTT096—25

由云南省农业科学院茶叶研究所以福鼎大白茶（♀）×团田大叶茶（♂）为亲本，从杂交F1中单株选择出种质资源材料。

小乔木，树姿半开展。发芽密度稀，芽叶色泽黄绿色，芽叶茸毛中，春茶一芽一叶期2月23日（2月21日至2月25日），一芽二叶期3月7日（3月4日至3月10日），一芽三叶长6.66cm，芽长3.14cm，一芽三叶百芽重57.40g。叶片稍上斜着生，叶长10.86cm，叶宽4.20cm，叶面积31.94cm²，中叶，叶长宽比2.59，叶长椭圆形，叶脉10对，叶色黄绿色，叶面微隆，叶身内折，叶质中，叶齿锐度锐，叶齿密度密，叶齿深度中，叶基楔形，叶尖渐尖，叶缘微波。盛花期9月中旬，萼片5枚，花萼色泽绿色，花萼有茸毛，花冠大小4.7cm×4.5cm，花瓣色泽白色，花瓣质地中，花瓣数7枚，子房有茸毛，花柱长1.4cm，柱头3裂，花柱裂位中，雌雄蕊高比低。果实形状球形，果实大小1.5cm×1.4cm，果皮厚0.07cm，种子形状球形，种径大小1.4cm×1.35cm，种皮色泽棕褐色，百粒重114g。春茶一芽二叶蒸青样水浸出物40.01％，咖啡碱4.85％，茶多酚22.32％，氨基酸1.48％，酚氨比值15.08。

274. 茶种质 FTT096—28

由云南省农业科学院茶叶研究所以福鼎大白茶（♀）×团田大叶茶（♂）为亲本，从杂交 F1 中单株选择出种质资源材料。

小乔木，树姿直立。发芽密度中，芽叶色泽黄绿色，芽叶茸毛中，春茶一芽一叶期 3 月 7 日（3 月 5 日至 3 月 9 日），一芽二叶期 3 月 10 日（3 月 7 日至 3 月 13 日），一芽三叶长 7.50cm，芽长 2.94cm，一芽三叶百芽重 76.20g。叶片上斜着生，叶长 12.86cm，叶宽 5.38cm，叶面积 48.44cm^2，大叶，叶长宽比 2.39，叶椭圆形，叶脉 12 对，叶色黄绿色，叶面隆起，叶身内折，叶质中，叶齿锐度中，叶齿密度中，叶齿深度中，叶基楔形，叶尖渐尖，叶缘平。盛花期 10 月上旬，萼片 5 枚，花萼色泽绿色，花萼有茸毛，花冠大小 4.2cm×4.2cm，花瓣色泽白色，花瓣质地中，花瓣数 6 枚，子房有茸毛，花柱长 1.4cm，柱头 3 裂，花柱裂位高，雌雄蕊高比等高。果实形状三角形，果实大小 2.6cm×2.8cm，果皮厚 0.07cm，种子形状球形，种径大小 2.01cm×1.74cm，种皮色泽棕褐色，百粒重 353.3g。春茶一芽二叶蒸青样水浸出物 47.47%，咖啡碱 3.17%，茶多酚 19.47%，氨基酸 2.96%，酚氨比值 6.58。

275. 茶种质 FTT096—29

由云南省农业科学院茶叶研究所以福鼎大白茶（♀）×团田大叶茶（♂）为亲本，从杂交 F1 中单株选择出种质资源材料。

小乔木，树姿半开展。发芽密度中，芽叶色泽黄绿色，芽叶茸毛中，春茶一芽一叶期 2 月 23 日（2 月 21 日至 2 月 25 日），一芽二叶期 2 月 28 日（2 月 25 日至 3 月 2 日），一芽三叶长 7.76cm，芽长 3.18cm，一芽三叶百芽重 79.60g。叶片上斜着生，叶长 10.76cm，叶宽 4.74cm，叶面积 35.71cm²，中叶，叶长宽比 2.27，叶椭圆形，叶脉 10 对，叶色黄绿色，叶面微隆，叶身内折，叶质中，叶齿锐度中，叶齿密度中，叶齿深度中，叶基楔形，叶尖渐尖，叶缘平。盛花期 9 月中旬，萼片 5 枚，花萼色泽绿色，花萼有茸毛，花冠大小 4.4cm×3.8cm，花瓣色泽白色，花瓣质地中，花瓣数 6 枚，子房有茸毛，花柱长 1.4cm，柱头 3 裂，花柱裂位中，雌雄蕊高比等高。果实形状球形，果实大小 1.7cm×1.8cm，果皮厚 0.14cm，种子形状球形，种径大小 1.59cm×1.59cm，种皮色泽棕褐色，百粒重 153.3g。春茶一芽二叶蒸青样水浸出物 43.57％，咖啡碱 4.37％，茶多酚 23.47％，氨基酸 1.97％，酚氨比值 11.91。

276. 茶种质 FTT096—30

由云南省农业科学院茶叶研究所以福鼎大白茶（♀）×团田大叶茶（♂）为亲本，从杂交 F1 中单株选择出种质资源材料。

小乔木，树姿半开展。发芽密度稀，芽叶色泽黄绿色，芽叶茸毛中，春茶一芽一叶期 2 月 28 日（2 月 26 日至 3 月 1 日），一芽二叶期 3 月 2 日（2 月 28 日至 3 月 5 日），一芽三叶长 8.66cm，芽长 3.40cm，一芽三叶百芽重 80.40g。叶片上斜着生，叶长 12.24cm，叶宽 4.58cm，叶面积 39.25cm²，中叶，叶长宽比 2.68，叶长椭圆形，叶脉 11 对，叶色黄绿色，叶面微隆，叶身内折，叶质中，叶齿锐度锐，叶齿密度密，叶齿深度中，叶基楔形，叶尖渐尖，叶缘平。盛花期 9 月中旬，萼片 5 枚，花萼色泽绿色，花萼有茸毛，花冠大小 4.3cm×3.8cm，花瓣色泽白色，花瓣质地中，花瓣数 7 枚，子房有茸毛，花柱长 1.5cm，柱头 3 裂，花柱裂位高，雌雄蕊高比高。果实形状球形，果实大小 2.3cm×2.0cm，果皮厚 0.12cm，种子形状球形，种径大小 1.72cm×1.78cm，种皮色泽棕褐色，百粒重 296.0g。春茶一芽二叶蒸青样水浸出物 47.46%，咖啡碱 3.84%，茶多酚 19.30%，氨基酸 1.87%，酚氨比值 10.32。

277. 茶种质 FTT096—31

由云南省农业科学院茶叶研究所以福鼎大白茶（♀）×团田大叶茶（♂）为亲本，从杂交F1中单株选择出种质资源材料。

小乔木，树姿直立。发芽密度稀，芽叶色泽黄绿色，芽叶茸毛多，春茶一芽一叶期2月28日（2月26日至3月1日），一芽二叶期3月2日（2月28日至3月5日），一芽三叶长8.16cm，芽长3.38cm，一芽三叶百芽重97.80g。叶片稍上斜着生，叶长11.30cm，叶宽4.28cm，叶面积33.86cm^2，中叶，叶长宽比2.64，叶长椭圆形，叶脉11对，叶色黄绿色，叶面隆起，叶身内折，叶质中，叶齿锐度中，叶齿密度中，叶齿深度中，叶基楔形，叶尖渐尖，叶缘平。盛花期9月中旬，萼片5枚，花萼色泽绿色，花萼有茸毛，花冠大小4.8cm×4.4cm，花瓣色泽白色，花瓣质地中，花瓣数7枚，子房有茸毛，花柱长1.7cm，柱头3裂，花柱裂位高，雌雄蕊高比高。果实形状肾形，果实大小3.0cm×2.2cm，果皮厚0.09cm，种子形状球形，种径大小1.68cm×1.46cm，种皮色泽棕褐色，百粒重166.7g。春茶一芽二叶蒸青样水浸出物54.46%，咖啡碱4.71%，茶多酚22.72%，氨基酸1.81%，酚氨比值12.55。

278. 茶种质 FMY096—37

由云南省农业科学院茶叶研究所以福鼎大白茶（♀）×蚂蚁茶（♂）为亲本，从杂交 F1 中单株选择出种质资源材料。

小乔木，树姿直立。发芽密度稀，芽叶色泽黄绿色，芽叶茸毛特多，春茶一芽一叶期 3 月 2 日（2 月 28 日至 3 月 5 日），一芽二叶期 3 月 7 日（3 月 5 日至 3 月 9 日），一芽三叶长 7.06cm，芽长 3.10cm，一芽三叶百芽重 73.20g。叶片上斜着生，叶长 15.14cm，叶宽 5.40cm，叶面积 57.24cm^2，大叶，叶长宽比 2.81，叶长椭圆形，叶脉 13 对，叶色黄绿色，叶面平，叶身内折，叶质中，叶齿锐度中，叶齿密度中，叶齿深度中，叶基楔形，叶尖渐尖，叶缘波。盛花期 9 月下旬，萼片 5 枚，花萼色泽绿色，花萼有茸毛，花冠大小 4.6cm×4.7cm，花瓣色泽白色，花瓣质地中，花瓣数 8 枚，子房有茸毛，花柱长 1.5cm，柱头 4 裂，花柱裂位高，雌雄蕊高比等高。果实形状肾形，果实大小 3.7cm×2.6cm，果皮厚 0.15cm，种子形状球形，种径大小 1.75cm×1.83cm，种皮色泽棕褐色，百粒重 309.8g。春茶一芽二叶蒸青样水浸出物 43.60 %，咖啡碱 4.44 %，茶多酚 21.16 %，氨基酸 2.42 %，酚氨比值 8.74。

279. 茶种质 FYJ097—16

由云南省农业科学院茶叶研究所以福鼎大白茶（♀）× 元江猪街软茶（♂）为亲本，从杂交 F1 中单株选择出种质资源材料。

小乔木，树姿直立。发芽密度稀，芽叶色泽黄绿色，芽叶茸毛多，春茶一芽一叶期 2 月 18 日（2 月 16 日至 2 月 20 日），一芽二叶期 2 月 23 日（2 月 21 日至 2 月 25 日），一芽三叶长 6.02cm，芽长 2.82cm，一芽三叶百芽重 66.00g。叶片上斜着生，叶长 11.86cm，叶宽 5.12cm，叶面积 42.52cm^2，大叶，叶长宽比 2.32，叶椭圆形，叶脉 11 对，叶色黄绿色，叶面隆起，叶身平，叶质中，叶齿锐度锐，叶齿密度密，叶齿深度中，叶基楔形，叶尖渐尖，叶缘微波。盛花期 9 月中旬，萼片 5 枚，花萼色泽绿色，花萼有茸毛，花冠大小 4.9cm×5.2cm，花瓣色泽白色，花瓣质地中，花瓣数 7 枚，子房有茸毛，花柱长 1.7cm，柱头 3 裂，花柱裂位高，雌雄蕊高比高。果实形状肾形，果实大小 2.6cm×2.1cm，果皮厚 0.12cm，种子形状球形，种径大小 1.83cm×1.88cm，种皮色泽棕褐色，百粒重 376.0g。春茶一芽二叶蒸青样水浸出物 46.00%，咖啡碱 4.36%，茶多酚 18.26%，氨基酸 3.09%，酚氨比值 5.91。

280. 茶种质 FYJ097—24

由云南省农业科学院茶叶研究所以福鼎大白茶（♀）×元江猪街软茶（♂）为亲本，从杂交 F1 中单株选择出种质资源材料。

小乔木，树姿半开展。发芽密度中，芽叶色泽黄绿色，芽叶茸毛中，春茶一芽一叶期 2 月 15 日（2 月 12 日至 2 月 18 日），一芽二叶期 2 月 18 日（2 月 16 日至 2 月 20 日），一芽三叶长 6.54cm，芽长 2.60cm，一芽三叶百芽重 60.20g。叶片上斜着生，叶长 13.88cm，叶宽 5.66cm，叶面积 55.00cm²，大叶，叶长宽比 2.46，叶长椭圆形，叶脉 12 对，叶色黄绿色，叶面隆起，叶身内折，叶质中，叶齿锐度锐，叶齿密度中，叶齿深度中，叶基楔形，叶尖渐尖，叶缘波。盛花期 9 月下旬，萼片 5 枚，花萼色泽绿色，花萼有茸毛，花冠大小 4.4cm×4.3cm，花瓣色泽白色，花瓣质地中，花瓣数 7 枚，子房有茸毛，花柱长 1.5m，柱头 3 裂，花柱裂位高，雌雄蕊高比等高。果实形状肾形，果实大小 3.8cm×2.6cm，果皮厚 0.12cm，种子形状球形，种径大小 2.06cm×1.73cm，种皮色泽棕褐色，百粒重 405.0g。春茶一芽二叶蒸青样水浸出物 47.10%，咖啡碱 3.74%，茶多酚 17.60%，氨基酸 3.33%，酚氨比值 5.29。

281. 茶种质 FYJ097—25

由云南省农业科学院茶叶研究所以福鼎大白茶（♀）×元江猪街软茶（♂）为亲本，从杂交 F1 中单株选择出种质资源材料。

小乔木，树姿直立。发芽密度稀，芽叶色泽黄绿色，芽叶茸毛多，春茶一芽一叶期 2 月 18 日（2 月 16 日至 2 月 20 日），一芽二叶期 2 月 23 日（2 月 21 日至 2 月 25 日），一芽三叶长 7.86cm，芽长 2.80cm，一芽三叶百芽重 64.00g。叶片上斜着生，叶长 14.58cm，叶宽 6.08cm，叶面积 62.06cm^2，特大叶，叶长宽比 2.40，叶椭圆形，叶脉 10 对，叶色黄绿色，叶面隆起，叶身内折，叶质中，叶齿锐度锐，叶齿密度密，叶齿深度深，叶基楔形，叶尖渐尖，叶缘波。盛花期 9 月中旬，萼片 5 枚，花萼色泽绿色，花萼有茸毛，花冠大小 4.5cm×3.9cm，花瓣色泽白色，花瓣质地中，花瓣数 6 枚，子房有茸毛，花柱长 1.7cm，柱头 3 裂，花柱裂位中，雌雄蕊高比高。果实形状球形，果实大小 1.7cm×1.6cm，果皮厚 0.08cm，种子形状球形，种径大小 1.66cm×1.63cm，种皮色泽棕褐色，百粒重 180g。春茶一芽二叶蒸青样水浸出物 40.44 %，咖啡碱 4.10 %，茶多酚 21.55 %，氨基酸 1.78 %，酚氨比值 12.11。

282. 茶种质 FYJ097—27

由云南省农业科学院茶叶研究所以福鼎大白茶（♀）× 元江猪街软茶（♂）为亲本，从杂交 F1 中单株选择出特异种质资源材料。

小乔木，树姿半开展。发芽密度稀，芽叶色泽紫红色，芽叶茸毛特多，新梢叶柄基部花青苷显色。春茶一芽一叶期 2 月 23 日（2 月 21 日至 2 月 25 日），一芽二叶期 2 月 28 日（2 月 25 日至 3 月 2 日），一芽三叶长 6.06cm，芽长 2.82cm，一芽三叶百芽重 56.40g。叶片上斜着生，叶长 11.94cm，叶宽 5.30cm，叶面积 44.31cm²，大叶，叶长宽比 2.26，叶椭圆形，叶脉 11 对，叶色黄绿色，叶面隆起，叶身平，叶质中，叶齿锐度中，叶齿密度密，叶齿深度中，叶基楔形，叶尖渐尖，叶缘微波。盛花期 9 月中旬，萼片 5 枚，花萼色泽绿色，花萼有茸毛，花冠大小 4.6cm×4.3cm，花瓣色泽白色，花瓣质地中，花瓣数 7 枚，子房有茸毛，花柱长 1.4cm，柱头 3 裂，花柱裂位中，雌雄蕊高比等高。果实形状球形，果实大小 1.7cm×1.9cm，果皮厚 0.13cm，种子形状球形，种径大小 1.71cm×1.72cm，种皮色泽棕褐色，百粒重 248g。春茶一芽二叶蒸青样水浸出物 48.12 %，咖啡碱 4.47 %，茶多酚 20.03 %，氨基酸 2.32 %，酚氨比值 8.63。

283. 茶种质 FYJ097—28

由云南省农业科学院茶叶研究所以福鼎大白茶（♀）×元江猪街软茶（♂）为亲本，从杂交F1中单株选择出种质资源材料。

小乔木，树姿直立。发芽密度稀，芽叶色泽黄绿色，芽叶茸毛中，春茶一芽一叶期2月28日（2月25日至3月2日），一芽二叶期3月7日（3月5日至3月9日），一芽三叶长9.62cm，芽长3.06cm，一芽三叶百芽重107.40g。叶片上斜着生，叶长12.44cm，叶宽5.60cm，叶面积48.77cm²，大叶，叶长宽比2.23，叶椭圆形，叶脉12对，叶色黄绿色，叶面隆起，叶身平，叶质中，叶齿锐度锐，叶齿密度中，叶齿深度中，叶基楔形，叶尖渐尖，叶缘微波。盛花期9月中旬，萼片5枚，花萼色泽绿色，花萼有茸毛，花冠大小3.6cm×3.7cm，花瓣色泽白色，花瓣质地中，花瓣数6枚，子房有茸毛，花柱长1.4cm，柱头3裂，花柱裂位高，雌雄蕊高比高。果实形状球形，果实大小2.4cm×2.0cm，果皮厚0.13cm，种子形状球形，种径大小1.65m×1.62cm，种皮色泽棕褐色，百粒重260g。春茶一芽二叶蒸青样水浸出物45.40%，咖啡碱4.11%，茶多酚22.49%，氨基酸2.72%，酚氨比值8.27。

284. 茶种质 FYJ097—29

由云南省农业科学院茶叶研究所以福鼎大白茶（♀）×元江猪街软茶（♂）为亲本，从杂交F1中单株选择出种质资源材料。

小乔木，树姿直立。发芽密度稀，芽叶色泽黄绿色，芽叶茸毛多，春茶一芽一叶期2月23日（2月21日至2月25日），一芽二叶期2月28日（2月25日至3月2日），一芽三叶长8.80cm，芽长3.38cm，一芽三叶百芽重96.60g。叶片上斜着生，叶长14.48cm，叶宽5.00cm，叶面积50.68cm²，大叶，叶长宽比2.90，叶长椭圆形，叶脉13对，叶色黄绿色，叶面微隆，叶身内折，叶质中，叶齿锐度锐，叶齿密度密，叶齿深度中，叶基楔形，叶尖渐尖，叶缘波。盛花期9月下旬，萼片5枚，花萼色泽绿色，花萼有茸毛，花冠大小3.9cm×3.7cm，花瓣色泽白色，花瓣质地中，花瓣数6枚，子房有茸毛，花柱长1.2cm，柱头3裂，花柱裂位高，雌雄蕊高比等高。果实形状球形，果实大小2.7cm×2.4cm，果皮厚0.08cm，种子形状球形，种径大小1.98cm×2.07cm，种皮色泽棕褐色，百粒重526.0g。春茶一芽二叶蒸青样水浸出物50.67%，咖啡碱4.44%，茶多酚19.29%，氨基酸3.16%，酚氨比值6.10。

285. 茶种质 FYJ097—30

　　由云南省农业科学院茶叶研究所以福鼎大白茶（♀）×元江猪街软茶（♂）为亲本，从杂交 F1 中单株选择出种质资源材料。

　　小乔木，树姿半开展。发芽密度稀，芽叶色泽黄绿色，芽叶茸毛中，春茶一芽一叶期 2 月 28 日（2 月 25 日至 3 月 2 日），一芽二叶期 3 月 7 日（3 月 5 日至 3 月 9 日），一芽三叶长 8.54cm，芽长 3.04cm，一芽三叶百芽重 88.60g。叶片上斜着生，叶长 14.90cm，叶宽 5.62cm，叶面积 58.62cm²，大叶，叶长宽比 2.66，叶长椭圆形，叶脉 13 对，叶色黄绿色，叶面隆起，叶身平，叶质中，叶齿锐度锐，叶齿密度密，叶齿深度中，叶基楔形，叶尖渐尖，叶缘微波。盛花期 9 月中旬，萼片 5 枚，花萼色泽绿色，花萼有茸毛，花冠大小 4.8cm×4.4cm，花瓣色泽白色，花瓣质地中，花瓣数 7 枚，子房有茸毛，花柱长 1.3cm，柱头 3 裂，花柱裂位高，雌雄蕊高比等高。果实形状肾形，果实大小 3.3cm×2.2cm，果皮厚 0.15cm，种子形状球形，种径大小 1.87cm×1.72cm，种皮色泽棕褐色，百粒重 336g。春茶一芽二叶蒸青样水浸出物 49.07％，咖啡碱 3.95％，茶多酚 22.72％，氨基酸 2.05％，酚氨比值 11.08。

286. 茶种质 FYJ097—31

　　由云南省农业科学院茶叶研究所以福鼎大白茶（♀）× 元江猪街软茶（♂）为亲本，从杂交 F1 中单株选择出种质资源材料。

　　小乔木，树姿直立。发芽密度稀，芽叶色泽黄绿色，芽叶茸毛多，春茶一芽一叶期 2 月 28 日（2 月 25 日至 3 月 2 日），一芽二叶期 3 月 7 日（3 月 5 日至 3 月 9 日），一芽三叶长 6.74cm，芽长 2.62cm，一芽三叶百芽重 66.40g。叶片上斜着生，叶长 10.32cm，叶宽 4.98cm，叶面积 35.98cm^2，中叶，叶长宽比 2.08，叶椭圆形，叶脉 10 对，叶色黄绿色，叶面隆起，叶身内折，叶质中，叶齿锐度锐，叶齿密度密，叶齿深度中，叶基楔形，叶尖渐尖，叶缘微波。盛花期 9 月中旬，萼片 5 枚，花萼色泽绿色，花萼有茸毛，花冠大小 4.5cm×4.3cm，花瓣色泽白色，花瓣质地中，花瓣数 7 枚，子房有茸毛，花柱长 1.4cm，柱头 3 裂，花柱裂位中，雌雄蕊高比高。果实形状球形，果实大小 2.0cm×2.4cm，果皮厚 0.11cm，种子形状球形，种径大小 1.72cm×1.71cm，种皮色泽棕褐色，百粒重 285g。春茶一芽二叶蒸青样水浸出物 48.73％，咖啡碱 4.01％，茶多酚 20.45％，氨基酸 2.37％，酚氨比值 8.63。

287. 茶种质 FYJ097—32

由云南省农业科学院茶叶研究所以福鼎大白茶（♀）×元江猪街软茶（♂）为亲本，从杂交F1中单株选择出种质资源材料。

小乔木，树姿半开展。发芽密度中，芽叶色泽紫绿色，芽叶茸毛多，春茶一芽一叶期2月23日（2月21日至2月25日），一芽二叶期2月28日（2月25日至3月2日），一芽三叶长4.44cm，芽长2.10cm，一芽三叶百芽重42.40g。叶片上斜着生，叶长11.78cm，叶宽4.64cm，叶面积38.27cm²，中叶，叶长宽比2.54，叶长椭圆形，叶脉12对，叶色黄绿色，叶面隆起，叶身平，叶质中，叶齿锐度中，叶齿密度中，叶齿深度浅，叶基楔形，叶尖渐尖，叶缘波。盛花期9月下旬，萼片5枚，花萼色泽绿色，花萼有茸毛，花冠大小4.7cm×4.1cm，花瓣色泽白色，花瓣质地中，花瓣数6枚，子房有茸毛，花柱长1.3cm，柱头3裂，花柱裂位高，雌雄蕊高比高。果实形状三角形，果实大小2.3cm×2.4cm，果皮厚0.14cm，种子形状球形，种径大小1.60cm×1.65cm，种皮色泽棕褐色，百粒重226.7g。春茶一芽二叶蒸青样水浸出物47.00%，咖啡碱3.69%，茶多酚18.56%，氨基酸3.31%，酚氨比值5.61。

288. 茶种质 FYJ097—33

　　由云南省农业科学院茶叶研究所以福鼎大白茶（♀）
× 元江猪街软茶（♂）为亲本，从杂交 F1 中单株选择
出种质资源材料。

　　小乔木，树姿直立。发芽密度稀，芽叶色泽黄绿色，
芽叶茸毛中，春茶一芽一叶期 2 月 23 日（2 月 21 日至 2
月 25 日），一芽二叶期 2 月 28 日（2 月 25 日至 3 月 2
日），一芽三叶长 6.66cm，芽长 2.62cm，一芽三叶百芽
重 48.00g。叶片上斜着生，叶长 14.68cm，叶宽 5.60cm，
叶面积 57.55cm²，大叶，叶长宽比 2.63，叶长椭圆形，
叶脉 14 对，叶色黄绿色，叶面隆起，叶身内折，叶质中，
叶齿锐度中，叶齿密度中，叶齿深度中，叶基楔形，叶
尖渐尖，叶缘微波。盛花期 11 月中旬，萼片 5 枚，花萼
色泽绿色，花萼有茸毛，花冠大小 4.8cm×4.6cm，花瓣
色泽白色，花瓣质地中，花瓣数 6 枚，子房有茸毛，花柱长 1.2cm，柱头 3 裂，花柱裂位中，
雌雄蕊高比低。果实形状球形，果实大小 2.2cm×1.9cm，果皮厚 0.1cm，种子形状球形，
种径大小 1.4cm×1.4cm，种皮色泽棕褐色，百粒重 172.0g。春茶一芽二叶蒸青样水浸出
物 47.08 ％，咖啡碱 3.02 ％，茶多酚 20.40 ％，氨基酸 2.05 ％，酚氨比值 9.95。

289. 茶种质 FYJ097—34

由云南省农业科学院茶叶研究所以福鼎大白茶（♀）× 元江猪街软茶（♂）为亲本，从杂交 F1 中单株选择出种质资源材料。

小乔木，树姿直立。发芽密度中，芽叶色泽黄绿色，芽叶茸毛多，春茶一芽一叶期 2 月 23 日（2 月 21 日至 2 月 25 日），一芽二叶期 2 月 28 日（2 月 25 日至 3 月 2 日），一芽三叶长 6.62cm，芽长 2.88cm，一芽三叶百芽重 54.40g。叶片上斜着生，叶长 13.96cm，叶宽 5.10cm，叶面积 49.84cm^2，大叶，叶长宽比 2.74，叶长椭圆形，叶脉 13 对，叶色黄绿色，叶面隆起，叶身平，叶质中，叶齿锐度中，叶齿密度中，叶齿深度中，叶基楔形，叶尖渐尖，叶缘平。盛花期 9 月中旬，萼片 5 枚，花萼色泽绿色，花萼有茸毛，花冠大小 4.7cm×3.9cm，花瓣色泽白色，花瓣质地中，花瓣数 6 枚，子房有茸毛，花柱长 1.3cm，柱头 3 裂，花柱裂位高，雌雄蕊高比高。果实形状球形，果实大小 2.6cm×2.1cm，果皮厚 0.11cm，种子形状球形，种径大小 1.74cm×1.75cm，种皮色泽棕褐色，百粒重 316.0g。春茶一芽二叶蒸青样水浸出物 46.72 %，咖啡碱 4.29 %，茶多酚 19.70 %，氨基酸 1.70 %，酚氨比值 11.59。

290. 茶种质 FYJ097—35

由云南省农业科学院茶叶研究所以福鼎大白茶（♀）×元江猪街软茶（♂）为亲本，从杂交 F1 中单株选择出种质资源材料。

小乔木，树姿半开展。发芽密度稀，芽叶色泽黄绿色，芽叶茸毛多，春茶一芽一叶期 2 月 23 日（2 月 21 日至 2 月 25 日），一芽二叶期 3 月 2 日（2 月 28 日至 3 月 5 日），一芽三叶长 7.28cm，芽长 2.46cm，一芽三叶百芽重 82.40g。叶片上斜着生，叶长 12.74cm，叶宽 5.76cm，叶面积 51.38cm²，大叶，叶长宽比 2.22，叶椭圆形，叶脉 14 对，叶色黄绿色，叶面隆起，叶身内折，叶质中，叶齿锐度锐，叶齿密度密，叶齿深度中，叶基楔形，叶尖渐尖，叶缘微波。盛花期 9 月中旬，萼片 5 枚，花萼色泽绿色，花萼有茸毛，花冠大小 4.8cm×4.5cm，花瓣色泽白色，花瓣质地中，花瓣数 7 枚，子房有茸毛，花柱长 1.2cm，柱头 3 裂，花柱裂位高，雌雄蕊高比低。果实形状球形，果实大小 2.0cm×1.9cm，果皮厚 0.08cm，种子形状似肾形，种径大小 1.71cm×1.92cm，种皮色泽棕褐色，百粒重 280g。春茶一芽二叶蒸青样水浸出物 45.05%，咖啡碱 3.51%，茶多酚 19.31%，氨基酸 3.00%，酚氨比值 6.44。

291. 茶种质 FYJ097—37

由云南省农业科学院茶叶研究所以福鼎大白茶（♀）× 元江猪街软茶（♂）为亲本，从杂交 F1 中单株选择出特异种质资源材料。

小乔木，树姿直立。发芽密度稀，芽叶色泽紫红色，芽叶茸毛多，新梢叶柄基部花青甙显色。春茶一芽一叶期 2 月 23 日（2 月 21 至 2 月 25 日），一芽二叶期 2 月 28 日（2 月 25 日至 3 月 2 日），一芽三叶长 7.80cm，芽长 2.88cm，一芽三叶百芽重 94.00g。叶片上斜着生，叶长 12.08cm，叶宽 4.36cm，叶面积 36.87cm²，中叶，叶长宽比 2.77，叶长椭圆形，叶脉 10 对，叶色黄绿色，叶面微隆，叶身内折，叶质中，叶齿锐度锐，叶齿密度密，叶齿深度中，叶基楔形，叶尖渐尖，叶缘微波。盛花期 11 月中旬，萼片 5 枚，花萼色泽绿色，花萼有茸毛，花冠大小 4.2cm×3.7cm，花瓣色泽紫红色，花瓣质地中，花瓣数 7 枚，子房有茸毛，花柱长 1.4cm，柱头 3 裂，花柱裂位高，雌雄蕊高比等高。果实形状球形，果实大小 2.4cm×2.2cm，果皮厚 0.21cm，种子形状球形，种径大小 1.93cm×1.77cm，种皮色泽棕褐色，百粒重 362g。春茶一芽二叶蒸青样水浸出物 40.07%，咖啡碱 3.99%，茶多酚 20.04%，氨基酸 2.82%，酚氨比值 7.11。

292. 茶种质 FYJ098—3

　　由云南省农业科学院茶叶研究所以福鼎大白茶（♀）×元江猪街软茶（♂）为亲本，从杂交F1中单株选择出种质资源材料。

　　小乔木，树姿直立。发芽密度稀，芽叶色泽黄绿色，芽叶茸毛多，春茶一芽一叶期2月18日（2月16日至2月20日），一芽二叶期2月23日（2月21日至2月25日），一芽三叶长6.90cm，芽长3.02cm，一芽三叶百芽重71.40g。叶片上斜着生，叶长11.06cm，叶宽4.88cm，叶面积37.79cm²，中叶，叶长宽比2.27，叶椭圆形，叶脉16对，叶色黄绿色，叶面隆起，叶身内折，叶质中，叶齿锐度中，叶齿密度中，叶齿深度中，叶基楔形，叶尖渐尖，叶缘微波。盛花期10月上旬，萼片5枚，花萼色泽绿色，花萼有茸毛，花冠大小5.7cm×4.0cm，花瓣色泽白色，花瓣质地中，花瓣数7枚，子房有茸毛，花柱长1.2cm，柱头3裂，花柱裂位高，雌雄蕊高比等高。果实形状球形，果实大小1.9cm×2.1cm，果皮厚0.1cm，种子形状球形，种径大小1.67cm×1.66cm，种皮色泽棕褐色，百粒重254.0g。春茶一芽二叶蒸青样水浸出物46.56％，咖啡碱3.49％，茶多酚16.88％，氨基酸2.46％，酚氨比值6.86。

293. 茶种质 FYJ098—9

由云南省农业科学院茶叶研究所以福鼎大白茶（♀）×元江猪街软茶（♂）为亲本，从杂交 F1 中单株选择出种质资源材料。

小乔木，树姿半开展。发芽密度稀，芽叶色泽黄绿色，芽叶茸毛多，春茶一芽一叶期 2 月 18 日（2 月 16 日至 2 月 20 日），一芽二叶期 2 月 23 日（2 月 21 日至 2 月 25 日），一芽三叶长 4.56cm，芽长 2.26cm，一芽三叶百芽重 41.60g。叶片稍上斜着生，叶长 12.66cm，叶宽 5.22cm，叶面积 46.27cm²，大叶，叶长宽比 2.43，叶椭圆形，叶脉 12 对，叶色黄绿色，叶面微隆，叶身平，叶质中，叶齿锐度锐，叶齿密度中，叶齿深度中，叶基楔形，叶尖渐尖，叶缘微波。盛花期 9 月中旬，萼片 5 枚，花萼色泽绿色，花萼有茸毛，花冠大小 5.3cm×5.0cm，花瓣色泽白色，花瓣质地中，花瓣数 7 枚，子房有茸毛，花柱长 1.5cm，柱头 3 裂，花柱裂位高，雌雄蕊高比等高。果实形状球形，果实大小 2.0cm×2.3cm，果皮厚 0.12cm，种子形状球形，种径大小 1.60cm×1.68cm，种皮色泽棕褐色，百粒重 230g。春茶一芽二叶蒸青样水浸出物 50.68%，咖啡碱 3.44%，茶多酚 21.28%，氨基酸 2.38%，酚氨比值 8.94。

294. 茶种质 FYJ098—10

由云南省农业科学院茶叶研究所以福鼎大白茶（♀）×元江猪街软茶（♂）为亲本，从杂交 F1 中单株选择出种质资源材料。

小乔木，树姿半开展。发芽密度中，芽叶色泽黄绿色，芽叶茸毛多，春茶一芽一叶期 2 月 18 日（2 月 16 日至 2 月 20 日），一芽二叶期 2 月 23 日（2 月 21 日至 2 月 25 日），一芽三叶长 7.40cm，芽长 3.10cm，一芽三叶百芽重 81.00g。叶片上斜着生，叶长 13.58cm，叶宽 4.82cm，叶面积 45.83cm^2，大叶，叶长宽比 2.82，叶长椭圆形，叶脉 12 对，叶色黄绿色，叶面隆起，叶身内折，叶质中，叶齿锐度锐，叶齿密度中，叶齿深度中，叶基楔形，叶尖渐尖，叶缘平。盛花期 9 月中旬，萼片 5 枚，花萼色泽绿色，花萼有茸毛，花冠大小 4.7cm×4.3cm，花瓣色泽白色，花瓣质地中，花瓣数 6 枚，子房有茸毛，花柱长 1.5cm，柱头 3 裂，花柱裂位高，雌雄蕊高比高。果实形状三角形，果实大小 2.3cm×2.3cm，果皮厚 0.16cm，种子形状球形，种径大小 1.58cm×1.64cm，种皮色泽棕褐色，百粒重 240g。春茶一芽二叶蒸青样水浸出物 45.81％，咖啡碱 3.09％，茶多酚 17.52％，氨基酸 2.74％，酚氨比值 6.39。

295. 茶种质 FYJ098—15

由云南省农业科学院茶叶研究所以福鼎大白茶（♀）× 元江猪街软茶（♂）为亲本，从杂交 F1 中单株选择出种质资源材料。

小乔木，树姿半开展。发芽密度中，芽叶色泽黄绿色，芽叶茸毛多，春茶一芽一叶期 2 月 18 日（2 月 16 日至 2 月 20 日），一芽二叶期 2 月 23 日（2 月 21 日至 2 月 25 日），一芽三叶长 6.52cm，芽长 2.72cm，一芽三叶百芽重 80.00g。叶片上斜着生，叶长 13.98cm，叶宽 5.72cm，叶面积 55.98cm²，大叶，叶长宽比 2.45，叶椭圆形，叶脉 14 对，叶色黄绿色，叶面隆起，叶身内折，叶质中，叶齿锐度锐，叶齿密度密，叶齿深度中，叶基楔形，叶尖渐尖，叶缘波。盛花期 11 月中旬，萼片 5 枚，花萼色泽绿色，花萼有茸毛，花冠大小 4.9cm×4.5cm，花瓣色泽白色，花瓣质地中，花瓣数 7 枚，子房有茸毛，花柱长 1.2cm，柱头 3 裂，花柱裂位中，雌雄蕊高比等高。果实形状四边形，果实大小 2.4cm×2.5cm，果皮厚 0.15cm，种子形状球形，种径大小 1.60cm×1.62cm，种皮色泽棕褐色，百粒重 242g。春茶一芽二叶蒸青样水浸出物 45.94％，咖啡碱 3.57％，茶多酚 17.67％，氨基酸 2.35％，酚氨比值 7.52。

296. 茶种质 FGK098—29

由云南省农业科学院茶叶研究所以福鼎大白茶（♀）× 关卡大黑茶（♂）为亲本，从杂交 F1 中单株选择出种质资源材料。

小乔木，树姿半开展。发芽密度中，芽叶色泽黄绿色，芽叶茸毛中，春茶一芽一叶期 2 月 28 日（2 月 25 日至 3 月 2 日），一芽二叶期 3 月 7 日（3 月 5 日至 3 月 9 日），一芽三叶长 6.36cm，芽长 2.78cm，一芽三叶百芽重 76.40g。叶片上斜着生，叶长 12.50cm，叶宽 5.12cm，叶面积 44.80cm²，大叶，叶长宽比 2.45，叶椭圆形，叶脉 12 对，叶色黄绿色，叶面微隆，叶身内折，叶质中，叶齿锐度中，叶齿密度中，叶齿深度中，叶基楔形，叶尖渐尖，叶缘微波。盛花期 9 月中旬，萼片 5 枚，花萼色泽绿色，花萼有茸毛，花冠大小 4.0cm×3.6cm，花瓣色泽白色，花瓣质地中，花瓣数 7 枚，子房有茸毛，花柱长 1.5cm，柱头 3 裂，花柱裂位高，雌雄蕊高比高。果实形状肾形，果实大小 2.4cm×1.8cm，果皮厚 0.10cm，种子形状球形，种径大小 1.81cm×1.82cm，种皮色泽棕褐色，百粒重 313.0g。春茶一芽二叶蒸青样水浸出物 44.69 ％，咖啡碱 3.86 ％，茶多酚 22.88 ％，氨基酸 2.34 ％，酚氨比值 9.78。

297. 茶种质 FGK098—30

由云南省农业科学院茶叶研究所以福鼎大白茶（♀）× 关卡大黑茶（♂）为亲本，从杂交 F1 中单株选择出种质资源材料。

小乔木，树姿直立。发芽密度中，芽叶色泽黄绿色，芽叶茸毛中，春茶一芽一叶期 2 月 18 日（2 月 16 日至 2 月 20 日），一芽二叶期 2 月 23 日（2 月 21 日至 2 月 25 日），一芽三叶长 5.56cm，芽长 2.16cm，一芽三叶百芽重 57.20g。叶片上斜着生，叶长 12.58cm，叶宽 5.72cm，叶面积 50.38cm²，大叶，叶长宽比 2.20，叶椭圆形，叶脉 13 对，叶色黄绿色，叶面隆起，叶身内折，叶质中，叶齿锐度锐，叶齿密度密，叶齿深度中，叶基楔形，叶尖渐尖，叶缘波。盛花期 9 月下旬，萼片 5 枚，花萼色泽绿色，花萼有茸毛，花冠大小 4.3cm×4.2cm，花瓣色泽白色，花瓣质地中，花瓣数 9 枚，子房有茸毛，花柱长 1.4cm，柱头 4 裂，花柱裂位高，雌雄蕊高比高。果实形状球形，果实大小 2.4cm×2.1cm，果皮厚 0.10cm，种子形状球形，种径大小 1.85cm×1.85cm，种皮色泽棕褐色，百粒重 290.0g。春茶一芽二叶蒸青样水浸出物 46.95％，咖啡碱 4.17％，茶多酚 18.07％，氨基酸 2.06％，酚氨比值 8.77。

298. 茶种质 FGK098—31

由云南省农业科学院茶叶研究所以福鼎大白茶（♀）× 关卡大黑茶（♂）为亲本，从杂交 F1 中单株选择出种质资源材料。

小乔木，树姿直立。发芽密度中，芽叶色泽黄绿色，芽叶茸毛中，春茶一芽一叶期 2 月 28 日（2 月 26 日至 3 月 1 日），一芽二叶期 3 月 2 日（2 月 28 日至 3 月 5 日），一芽三叶长 7.44cm，芽长 3.22cm，一芽三叶百芽重 89.20g。叶片上斜着生，叶长 10.68cm，叶宽 5.74cm，叶面积 42.92cm^2，大叶，叶长宽比 1.86，叶近圆形，叶脉 11 对，叶色黄绿色，叶面隆起，叶身内折，叶质中，叶齿锐度中，叶齿密度密，叶齿深度中，叶基楔形，叶尖钝尖，叶缘微波。盛花期 9 月中旬，萼片 5 枚，花萼色泽绿色，花萼有茸毛，花冠大小 4.7cm×4.2cm，花瓣色泽白色，花瓣质地中，花瓣数 8 枚，子房有茸毛，花柱长 1.4cm，柱头 3 裂，花柱裂位高，雌雄蕊高比等高。果实形状球形，果实大小 1.8cm×2.2cm，果皮厚 0.10cm，种子形状球形，种径大小 1.72cm×1.84cm，种皮色泽棕褐色，百粒重 320.0g。春茶一芽二叶蒸青样水浸出物 51.59 %，咖啡碱 4.10 %，茶多酚 19.89 %，氨基酸 1.92 %，酚氨比值 10.36。

299. 茶种质 FGK098—32

由云南省农业科学院茶叶研究所以福鼎大白茶（♀）×关卡大黑茶（♂）为亲本，从杂交 F1 中单株选择出种质资源材料。

小乔木，树姿半开展。发芽密度中，芽叶色泽黄绿色，芽叶茸毛中，春茶一芽一叶期 2 月 23 日（2 月 21 日至 2 月 25 日），一芽二叶期 2 月 28 日（2 月 25 日至 3 月 2 日），一芽三叶长 7.56cm，芽长 3.30cm，一芽三叶百芽重 63.60g。叶片上斜着生，叶长 14.50cm，叶宽 5.34cm，叶面积 54.21cm^2，大叶，叶长宽比 2.72，叶长椭圆形，叶脉 11 对，叶色黄绿色，叶面微隆，叶身内折，叶质中，叶齿锐度中，叶齿密度中，叶齿深度中，叶基楔形，叶尖渐尖，叶缘平。盛花期 9 月中旬，萼片 5 枚，花萼色泽绿色，花萼有茸毛，花冠大小 4.8cm×4.5cm，花瓣色泽淡绿色，花瓣质地中，花瓣数 7 枚，子房有茸毛，花柱长 1.7cm，柱头 3 裂，花柱裂位中，雌雄蕊高比高。果实形状球形，果实大小 1.9cm×1.9cm，果皮厚 0.13cm，种子形状球形，种径大小 1.54cm×1.52cm，种皮色泽棕褐色，百粒重 220.0g。春茶一芽二叶蒸青样水浸出物 40.69%，咖啡碱 4.30%，茶多酚 22.03%，氨基酸 2.01%，酚氨比值 10.96。

300. 茶种质 FGK098—33

由云南省农业科学院茶叶研究所以福鼎大白茶（♀）×关卡大黑茶（♂）为亲本，从杂交 F1 中单株选择出种质资源材料。

小乔木，树姿半开展。发芽密度中，芽叶色泽黄绿色，芽叶茸毛多，春茶一芽一叶期 2 月 23 日（2 月 21 日至 2 月 25 日），一芽二叶期 2 月 28 日（2 月 25 日至 3 月 2 日），一芽三叶长 4.90cm，芽长 2.64cm，一芽三叶百芽重 47.80g。叶片稍上斜着生，叶长 10.76cm，叶宽 3.90cm，叶面积 29.38cm^2，中叶，叶长宽比 2.76，叶长椭圆形，叶脉 11 对，叶色黄绿色，叶面微隆，叶身内折，叶质硬，叶齿锐度锐，叶齿密度密，叶齿深度中，叶基楔形，叶尖渐尖，叶缘波。盛花期 9 月中旬，萼片 5 枚，花萼色泽绿色，花萼有茸毛，花冠大小 4.0cm×3.4cm，花瓣色泽白色，花瓣质地中，花瓣数 6 枚，子房有茸毛，花柱长 1.5cm，柱头 3 裂，花柱裂位高，雌雄蕊高比等高。果实形状球形，果实大小 1.96cm×2.2cm，果皮厚 0.16cm，种子形状球形，种径大小 1.71cm×1.78cm，种皮色泽棕褐色，百粒重 304.0g。春茶一芽二叶蒸青样水浸出物 51.32 %，咖啡碱 4.92 %，茶多酚 20.94 %，氨基酸 2.30 %，酚氨比值 9.10。

301. 茶种质 FGK098—34

由云南省农业科学院茶叶研究所以福鼎大白茶（♀）× 关卡大黑茶（♂）为亲本，从杂交 F1 中单株选择出种质资源材料。

小乔木，树姿直立。发芽密度中，芽叶色泽黄绿色，芽叶茸毛中，春茶一芽一叶期 2 月 18 日（2 月 15 日至 2 月 21 日），一芽二叶期 2 月 28 日（2 月 25 日至 3 月 2 日），一芽三叶长 6.10cm，芽长 2.70cm，一芽三叶百芽重 90.80g。叶片上斜着生，叶长 11.08cm，叶宽 4.28cm，叶面积 33.21cm²，中叶，叶长宽比 2.59，叶长椭圆形，叶脉 10 对，叶色黄绿色，叶面微隆，叶身内折，叶质中，叶齿锐度中，叶齿密度密，叶齿深度中，叶基楔形，叶尖渐尖，叶缘波。盛花期 9 月中旬，萼片 4 枚，花萼色泽绿色，花萼有茸毛，花冠大小 3.9cm×3.3cm，花瓣色泽白色，花瓣质地中，花瓣数 7 枚，子房有茸毛，花柱长 1.4cm，柱头 3 裂，花柱裂位高，雌雄蕊高比等高。果实形状球形，果实大小 2.2cm×2.1cm，果皮厚 0.16cm，种子形状球形，种径大小 1.90cm×1.95cm，种皮色泽棕褐色，百粒重 415.0g。春茶一芽二叶蒸青样水浸出物 53.24%，咖啡碱 3.30%，茶多酚 22.53%，氨基酸 2.06%，酚氨比值 10.94。

302. 茶种质 FGK098—35

　　由云南省农业科学院茶叶研究所以福鼎大白茶（♀）×关卡大黑茶（♂）为亲本，从杂交 F1 中单株选择出种质资源材料。

　　小乔木，树姿直立。发芽密度稀，芽叶色泽黄绿色，芽叶茸毛中，春茶一芽一叶期 2 月 23 日（2 月 21 日至 2 月 25 日），一芽二叶期 2 月 28 日（2 月 25 日至 3 月 2 日），一芽三叶长 6.70cm，芽长 2.46cm，一芽三叶百芽重 80.40g。叶片稍上斜着生，叶长 10.42cm，叶宽 4.86cm，叶面积 35.46cm²，中叶，叶长宽比 2.15，叶椭圆形，叶脉 10 对，叶色黄绿色，叶面隆起，叶身内折，叶质中，叶齿锐度中，叶齿密度中，叶齿深度中，叶基楔形，叶尖渐尖，叶缘平。盛花期 10 月中旬，萼片 5 枚，花萼色泽绿色，花萼有茸毛，花冠大小 4.1cm×4.0cm，花瓣色泽白色，花瓣质地中，花瓣数 8 枚，子房有茸毛，花柱长 1.5cm，柱头 3 裂，花柱裂位高，雌雄蕊高比等高。果实形状三角形，果实大小 2.8cm×2.5cm，果皮厚 0.14cm，种子形状球形，种径大小 1.58cm×1.58cm，种皮色泽棕褐色，百粒重 315.0g。春茶一芽二叶蒸青样水浸出物 50.01 %，咖啡碱 3.24 %，茶多酚 21.78 %，氨基酸 2.20 %，酚氨比值 9.90。

303. 茶种质 FGK098—36

由云南省农业科学院茶叶研究所以福鼎大白茶（♀）× 关卡大黑茶（♂）为亲本，从杂交 F1 中单株选择出种质资源材料。

小乔木，树姿半开展。发芽密度中，芽叶色泽黄绿色，芽叶茸毛中，春茶一芽一叶期2月18日（2月16日至2月20日），一芽二叶期2月23日（2月21日至2月25日），一芽三叶长4.62cm，芽长2.18cm，一芽三叶百芽重43.20g。叶片上斜着生，叶长11.66cm，叶宽5.78cm，叶面积47.18cm²，大叶，叶长宽比2.02，叶椭圆形，叶脉12对，叶色黄绿色，叶面隆起，叶身内折，叶质中，叶齿锐度中，叶齿密度密，叶齿深度中，叶基楔形，叶尖渐尖，叶缘波。盛花期9月中旬，萼片5枚，花萼色泽绿色，花萼有茸毛，花冠大小4.1cm×4.0cm，花瓣色泽白色，花瓣质地中，花瓣数10枚，子房有茸毛，花柱长1.4cm，柱头3裂，花柱裂位高，雌雄蕊高比等高。果实形状肾形，果实大小2.5cm×1.8cm，果皮厚0.12cm，种子形状球形，种径大小1.79cm×1.71cm，种皮色泽棕褐色，百粒重200g。春茶一芽二叶蒸青样水浸出物46.02％，咖啡碱3.33％，茶多酚17.54％，氨基酸2.05％，酚氨比值8.56。

304. 茶种质 FGK098—38

由云南省农业科学院茶叶研究所以福鼎大白茶（♀）×关卡大黑茶（♂）为亲本，从杂交 F1 中单株选择出种质资源材料。

小乔木，树姿直立。发芽密度中，芽叶色泽黄绿色，芽叶茸毛中，春茶一芽一叶期 2 月 18 日（2 月 16 日至 2 月 20 日），一芽二叶期 2 月 23 日（2 月 21 日至 2 月 25 日），一芽三叶长 7.22cm，芽长 2.92cm，一芽三叶百芽重 73.80g。叶片上斜着生，叶长 12.04cm，叶宽 5.52cm，叶面积 46.53cm²，大叶，叶长宽比 2.19，叶椭圆形，叶脉 12 对，叶色黄绿色，叶面隆起，叶身内折，叶质中，叶齿锐度中，叶齿密度密，叶齿深度中，叶基楔形，叶尖渐尖，叶缘微波。盛花期 9 月下旬，萼片 5 枚，花萼色泽绿色，花萼有茸毛，花冠大小 4.4cm×4.1cm，花瓣色泽白色，花瓣质地中，花瓣数 8 枚，子房有茸毛，花柱长 1.4cm，柱头 3 裂，花柱裂位高，雌雄蕊高比等高。果实形状球形，果实大小 1.8cm×2.3cm，果皮厚 0.10cm，种子形状球形，种径大小 1.8cm×1.67cm，种皮色泽棕褐色，百粒重 290g。春茶一芽二叶蒸青样水浸出物 47.47 %，咖啡碱 4.10 %，茶多酚 19.08 %，氨基酸 2.34 %，酚氨比值 8.15。

305. 茶种质 FGK099—1

由云南省农业科学院茶叶研究所以福鼎大白茶（♀）×关卡大黑茶（♂）为亲本，从杂交 F1 中单株选择出种质资源材料。

小乔木，树姿半开展。发芽密度稀，芽叶色泽黄绿色，芽叶茸毛中，春茶一芽一叶期 2 月 28 日（2 月 25 日至 3 月 2 日），一芽二叶期 3 月 7 日（3 月 5 日至 3 月 9 日），一芽三叶长 7.32cm，芽长 3.02cm，一芽三叶百芽重 57.60g。叶片上斜着生，叶长 12.34cm，叶宽 5.36cm，叶面积 46.31cm^2，大叶，叶长宽比 2.31，叶椭圆形，叶脉 13 对，叶色黄绿色，叶面隆起，叶身内折，叶质中，叶齿锐度中，叶齿密度中，叶齿深度深，叶基楔形，叶尖渐尖，叶缘波。盛花期 9 月中旬，萼片 5 枚，花萼色泽绿色，花萼有茸毛，花冠大小 3.7cm×4.4cm，花瓣色泽白色，花瓣质地中，花瓣数 8 枚，子房有茸毛，花柱长 1.4cm，柱头 4 裂，花柱裂位高，雌雄蕊高比高。果实形状肾形，果实大小 2.4cm×2.0cm，果皮厚 0.13cm，种子形状球形，种径大小 1.57cm×1.78cm，种皮色泽棕褐色，百粒重 295.0g。春茶一芽二叶蒸青样水浸出物 48.50%，咖啡碱 4.92%，茶多酚 24.84%，氨基酸 2.11%，酚氨比值 11.77。

306. 茶种质 FGK099—3

由云南省农业科学院茶叶研究所以福鼎大白茶（♀）×关卡大黑茶（♂）为亲本，从杂交 F1 中单株选择出种质资源材料。

小乔木，树姿半开展。发芽密度稀，芽叶色泽黄绿色，芽叶茸毛中，春茶一芽一叶期 2 月 28 日（2 月 25 日至 3 月 2 日），一芽二叶期 3 月 7 日（3 月 5 日至 3 月 9 日），一芽三叶长 7.24cm，芽长 3.14cm，一芽三叶百芽重 63.80g。叶片上斜着生，叶长 11.96cm，叶宽 5.20cm，叶面积 43.54cm²，大叶，叶长宽比 2.30，叶椭圆形，叶脉 12 对，叶色黄绿色，叶面微隆，叶身内折，叶质中，叶齿锐度中，叶齿密度中，叶齿深度中，叶基楔形，叶尖渐尖，叶缘波。盛花期 9 月中旬，萼片 5 枚，花萼色泽绿色，花萼有茸毛，花冠大小 4.0cm×3.9cm，花瓣色泽白色，花瓣质地中，花瓣数 7 枚，子房有茸毛，花柱长 1.6cm，柱头 3 裂，花柱裂位高，雌雄蕊高比高。果实形状肾形，果实大小 2.9cm×2.3cm，果皮厚 0.13cm，种子形状球形，种径大小 1.68cm×1.76cm，种皮色泽棕褐色，百粒重 252g。春茶一芽二叶蒸青样水浸出物 54.36％，咖啡碱 4.86％，茶多酚 23.86％，氨基酸 2.08％，酚氨比值 11.47。